职业院校煤矿类专业课程教材

矿井瓦斯防治技术

主　编　徐西亮　何　涛
副主编　黄英杰　黄　山　汤　林
主　审　肖家平

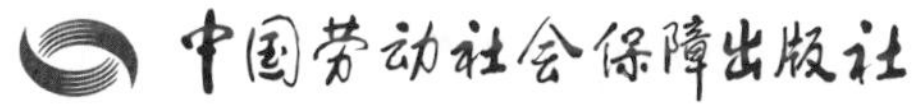
中国劳动社会保障出版社

图书在版编目（CIP）数据

矿井瓦斯防治技术 / 徐西亮，何涛主编 . -- 北京：中国劳动社会保障出版社，2025. --（职业院校煤矿类专业课程教材）. -- ISBN 978-7-5167-7022-1

Ⅰ. TD712

中国国家版本馆 CIP 数据核字第 2025UX9177 号

矿井瓦斯防治技术

KUANGJING WASI FANGZHI JISHU

中国劳动社会保障出版社出版发行

（北京市惠新东街 1 号　邮政编码：100029）

*

北京市鑫霸印务有限公司印刷装订　　新华书店经销

787 毫米 ×1092 毫米　16 开本　12 印张　260 千字

2025 年 8 月第 1 版　　2025 年 8 月第 1 次印刷

定价：32.00 元

营销中心电话：400-606-6496

出版社网址：https://www.class.com.cn

《矿井瓦斯防治技术》编审委员会

主　　编　徐西亮　何　涛

副主编　黄英杰　黄　山　汤　林

编　　者　**（以姓氏笔画为序）**

汤　林（淮河能源谢桥矿）

严立峰（淮河能源潘二矿）

何　涛（安徽理工技师学院）

余立超（淮河能源地质勘探分公司）

陈　思（淮河能源朱集东矿）

徐西亮（安徽理工技师学院）

黄　山（淮河能源潘三矿）

黄英杰（安徽理工技师学院）

主　　审　肖家平（淮南职业技术学院）

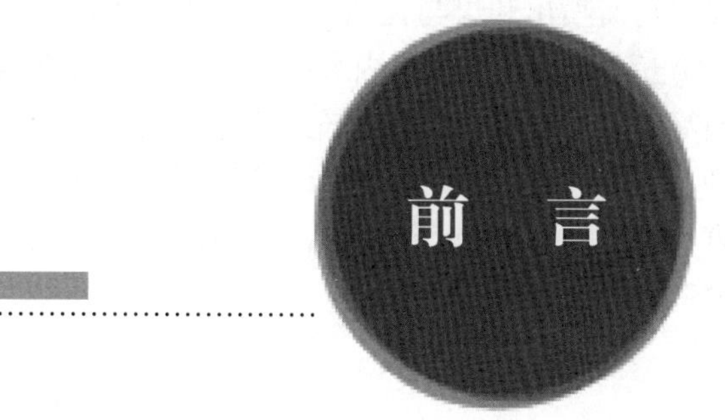

前　言

为了深入贯彻党的二十大精神和习近平总书记关于大力发展技工教育的重要指示精神，落实中共中央办公厅、国务院办公厅印发的《关于推动现代职业教育高质量发展的意见》，推进技工教育高质量发展，全面推动技工院校教学模式改革创新，适应新时代技能人才培养要求，满足全国技工院校、职业院校以及相关培训单位的需求，我们在充分调研的基础上，组织有关院校的教师和行业企业专家，编写了“职业院校煤矿类专业课程教材”并作为“十四五”技工教育规划教材推荐使用。

在编写本套教材的过程中，我们严格贯彻落实《职业院校教材管理办法》《技工院校教材管理工作实施细则》《中等职业学校专业教学标准》等文件要求，依据技工院校教材规划、专业课课程规范，服务学生成长和就业创业，兼顾职业培训实际需要。本教材具体具有四个方面的特点：一是坚持知识性、准确性、适用性、先进性，体现专业特点。教材努力做到以教学实际为需求导向，根据煤矿行业发展现状和趋势，合理编写教材内容，同时在严格执行国家有关技术标准的基础上，尽可能多地介绍行业新知识、新技术、新工艺和新设备。二是突出职业教育特色，重视实践能力培养。教材以职业能力定位内容，根据煤炭专业职业实际需要，适当设置专业知识的深度与难度，合理确定学生应具备的知识结构和技能水平，以满足企业对技能型人才的需求。三是创新编写模式，激发学生学习兴趣。按照技工院校、职业学院和职业培训机构教学规律和学生的认知规律，合理安排教材内容，定位学习目标，以问题为导向设置知识导引、知识点和技能点，以图表、实物照片辅助知识理解，为学生营造生动、直观的学习环境。四是注重立体化开发，方便多媒体教学使用。

《矿井瓦斯防治技术》配有电子课件并逐步丰富配套习题册等教学资源，以方便教师上课使用，可以通过技工教育网（https://jg.class.com.cn）查询下载。本教材可作为全国职业院校煤矿类及其相关专业课程的通用课程教材，也可作为煤矿类专业各类职业培训教材。本教材主要内容包括瓦斯基本知识、矿井瓦斯涌出、煤层瓦斯喷出和煤与瓦斯突出防治、矿井瓦斯检测与监控、矿井瓦斯抽采等共五章，重点介绍了近年来煤矿瓦斯防治常用的新仪器、新设备的工作原理、操作步骤等。为了贴近教学与学习实践，本教材中在每章设置了学习目标、学习引导、思考练习题、技能实训，力求使内容符合职业教育和职业培训的教学需求，做到实用、适用。

《矿井瓦斯防治技术》由徐西亮、何涛主编，黄英杰、黄山、汤林副主编。其中，徐西亮、黄英杰负责第一章瓦斯基本知识、第二章矿井瓦斯涌出内容的编写；徐西亮、黄山负责第三章煤层瓦斯喷出和煤与瓦斯突出防治内容的编写；何涛、汤林负责第四章矿井瓦斯检测与监控、第五章矿井瓦斯抽采内容的编写。全书由徐西亮统稿。

在编写本教材过程中，我们充分吸收借鉴了相关教材、著作的思路和内容，接受了很多优秀教师、企业管理人员、行业专家等的指导，在此表示衷心的感谢。由于水平有限，尽管我们认真构思、反复修改，但依然存在内容或文字上的遗憾，衷心希望广大教师、学生、读者提出宝贵的意见和建议。

“职业院校煤矿类专业课程教材”工作组

2025 年 3 月

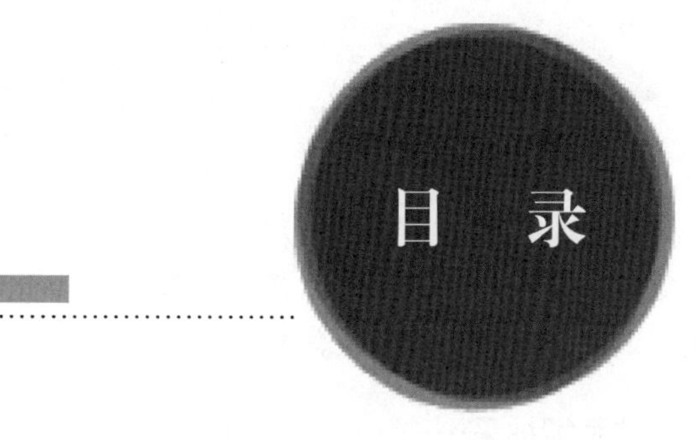
目 录

第一章

瓦斯基本知识

本章学习目标

1. 了解瓦斯的生成、赋存状态和煤层中瓦斯垂直分带；
2. 熟悉瓦斯的主要成分及基本性质；
3. 了解煤的孔隙性及吸附性、煤层的透气性、煤层瓦斯含量、煤层瓦斯压力等相关概念；
4. 熟悉煤层瓦斯含量的影响因素、煤层瓦斯压力的分布规律；
5. 掌握煤层透气性系数、煤层瓦斯含量、煤层瓦斯压力的测定方法和步骤；
6. 熟悉瓦斯地质图的识读和编制方法。

学习引导

矿井瓦斯一直是煤矿生产中一个主要的危险源。瓦斯能燃烧、爆炸，大量积聚能致人窒息死亡，严重地威胁着煤矿作业人员的生命安全，影响着煤矿的安全生产。本章内容涉及矿井瓦斯的性质及危害、瓦斯的赋存状态及煤层透气性系数、煤层瓦斯含量、煤层瓦斯压力等基本参数的测定，对矿井瓦斯的防治、管理具有重要意义。

第一节　矿井瓦斯的来源与性质

一、矿井瓦斯的生成及影响因素

瓦斯在煤炭界一般指煤层气或矿井瓦斯。矿井瓦斯是腐植型有机物（植物）在成煤过程中形成的。其成气过程可分为 2 个阶段。第一阶段为生物化学成气阶段，在植物沉积成煤初期的泥炭化过程中，有机物在隔绝外部氧气进入和温度不超过 65 ℃的条件下，被厌氧微生物分解为甲烷、二氧化碳和水蒸气。由于这一过程发生于地表附近，上覆盖层不厚，因而生成的气体大部分散失于古大气中。第二阶段为煤化变质作用阶段，随着煤系地层的沉降和其所处环境的压力及温度的增加，泥炭转化为褐煤并进入变质作用阶段，有机物在高温、高压作用下，挥发分减少，固定碳增加，这时生成的气体主要为甲烷和二氧化碳。这个阶段中，瓦斯生成量随着煤的变质程度加深而增多。但在漫长的地质年代中，在地质构造（地层的隆起、侵蚀和断裂）的形成和变化过程中，瓦斯本身在其压力差和浓度差的驱动下进行运移，一部分或大部分瓦斯扩散到大气中，或转移到围岩内。所以不同煤田，甚至同一煤田不同区域煤层的瓦斯含量差别可能很大。

二、瓦斯的主要成分及性质

1. 瓦斯的主要成分

瓦斯是矿井环境中各种有毒有害气体的总称，其组成成分及各成分的比例关系因其成因不同而有差别。一般情况下，其主要成分包括甲烷（体积分数可达 80%～90%）和其他烃类（如乙烷、丙烷、丁烷等），以及二氧化碳、二氧化硫、硫化氢和稀有气体（氦、氖、氩、氪、氙）等。

2. 瓦斯的性质与危害

（1）甲烷

甲烷是一种无色、无味、无臭的气体。甲烷密度较小，在空气中具有较强的上浮力，标准状态下的密度为 0.716 kg/m^3，相对密度为 0.554。因此，如果巷道内有瓦斯涌出源，且风速较低，容易在顶板附近形成瓦斯积聚层。甲烷微溶于水，在 20 ℃和 0.1 MPa 时，100 L 水可以溶解 3.5 L 瓦斯。甲烷具有较强的扩散性，扩散速度是空气的 1.34 倍。甲烷无毒，但具有窒息性。甲烷不助燃，有燃烧和爆炸性。

（2）其他有害气体

①二氧化碳。二氧化碳不助燃，也不能供人呼吸，是一种无色、无味、无臭的气体。二氧化碳比空气重（相对密度为 1.52），因而巷道中风速较小时，其在底板附近含量较大；而在风速较大的巷道中，其一般能与空气均匀地混合。空气中二氧化碳的含量过高，会导致空气中的氧气含量相对降低，轻则使人呼吸加快，呼吸量增加，严重时也可能造成人员中毒或窒息。

②一氧化碳。一氧化碳是无色、无味、无臭的气体，相对密度为 0.97，微溶于水，体积分数为 13%～75% 时遇火能燃烧和爆炸。一氧化碳有剧毒，人体血液中的血红蛋白与一氧化碳的结合力是其与氧气结合力的 250～300 倍（血红蛋白是人体血液中携带氧气的过程中起关键作用的物质），因此，当人体吸入含有一氧化碳的空气时，一氧化碳首先与血红蛋白相结合，阻碍了氧气的正常结合，使血红蛋白失去输氧的功能，从而造成人体血液“窒息”。所以，医学上又将一氧化碳称为血液窒息性气体。一氧化碳与血红蛋白结合后，会产生鲜红色的碳氧血红蛋白，因此一氧化碳中毒最显著的特征是中毒者黏膜和皮肤均呈樱桃红色。

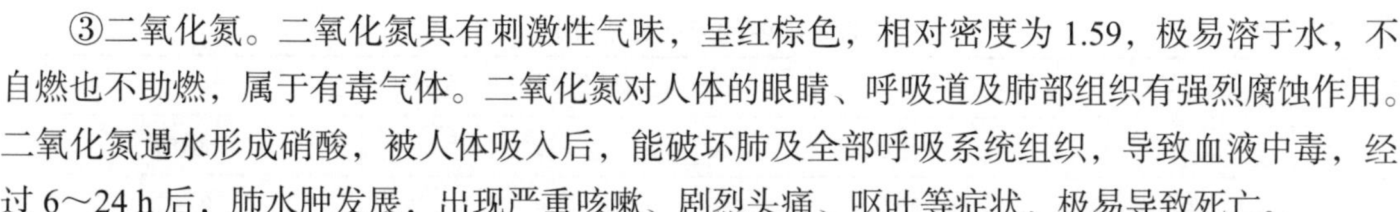

③二氧化氮。二氧化氮具有刺激性气味，呈红棕色，相对密度为 1.59，极易溶于水，不自燃也不助燃，属于有毒气体。二氧化氮对人体的眼睛、呼吸道及肺部组织有强烈腐蚀作用。二氧化氮遇水形成硝酸，被人体吸入后，能破坏肺及全部呼吸系统组织，导致血液中毒，经过 6～24 h 后，肺水肿发展，出现严重咳嗽、剧烈头痛、呕吐等症状，极易导致死亡。

④二氧化硫。二氧化硫是无色、有强烈硫黄味及酸味的气体，相对密度为 2.21，易积聚在巷道底部，易溶于水。当二氧化硫与呼吸道的潮湿表皮接触时能产生亚硫酸，刺激并麻痹上呼吸道的细胞组织，导致肺炎及支气管炎。

⑤硫化氢。硫化氢是一种无色、带有臭鸡蛋味的气体，相对密度为 1.17，易溶于水，遇火后能燃烧（点火温度为 265～380 ℃，燃烧温度为 1 890 ℃）和爆炸，具有强烈毒性。硫化氢对人的眼睛、鼻腔、咽喉的黏膜有较强的刺激作用，能干扰人的中枢神经系统，易引起急性中毒或死亡。

⑥氨气。氨气是一种无色、有浓烈臭味的气体，相对密度为 0.59，易溶于水，1 L 水中可溶解 700 L 氨气。氨气有爆炸性和毒性，能刺激皮肤和上呼吸道，能严重损伤眼睛。吸入氨气后会出现咳嗽、流泪、头晕、声带水肿等症状，重者会昏迷、痉挛、心力衰竭，以致死亡。

为了便于开展瓦斯防治工作，下面从爆炸性和毒性 2 个方面对上述有害气体进行归纳总结。

爆炸性：上述气体中能够燃烧且能爆炸的气体有 4 种，即甲烷、一氧化碳、硫化氢、氨气。气体爆炸的浓度（体积分数）范围叫做气体的爆炸界限。甲烷的爆炸界限为 5%～16%；硫化氢爆炸界限为 4%～46%；一氧化碳爆炸界限为 13%～75%；氨气爆炸界限为 16%～27%。

毒性：上述气体中有毒的气体有 5 种，其中，二氧化氮对眼睛和呼吸系统（鼻、喉、肺）有强烈刺激作用，能和呼吸道中的水分化合形成硝酸，低浓度吸入时初期症状不明显，有时数小时后才出现中毒征兆；高浓度吸入时可引发急性肺水肿，死亡率较高。二氧化硫对眼睛和呼吸系统有强烈刺激作用，使眼睛红肿，故俗称“瞎眼”气体；此外，这种气体还能和呼吸道上的水分化合而成亚硫酸，引发肺气肿等呼吸系统疾病。硫化氢能刺激眼睛和呼吸系统，且能使人体血液中毒，严重时可导致死亡。一氧化碳能阻碍人体血液的输氧功能，使血液缺氧致人死亡，一般的煤气中毒就是一氧化碳中毒。氨气能刺激眼睛、皮肤和呼吸系统。

三、煤层中瓦斯的分布

1. 煤层中瓦斯的垂直分带

当煤层有露头或在冲积层下有含煤地层时，煤化过程生成的瓦斯经煤层、上覆岩层和断层不断由煤层深部向地表运移；而地表的空气和其他生物化学反应生成的气体，则由地表向煤层深部渗透和扩散。这 2 种反向运移构成了煤层瓦斯组分沿赋存深度的带状分布。

受风化影响，煤层中原始瓦斯含量和瓦斯组分中甲烷气体体积分数降低到一定范围的煤层区带称为瓦斯风化带。按煤层瓦斯赋存情况通常自上而下分为 4 个带：二氧化碳 - 氮气带、氮气带、氮气 - 甲烷带、甲烷带，其中前 3 个带统称为瓦斯风化带。各瓦斯带的煤层瓦斯成分见表 1 - 1。

表 1-1　各瓦斯带的煤层瓦斯成分

名称	瓦斯成分（体积分数）/%		
	二氧化碳	氮气	甲烷
二氧化碳－氮气带	20～80	20～80	0～10
氮气带	0～20	80～100	0～20
氮气－甲烷带	0～20	20～80	20～80
甲烷带	0～10	0～20	80～100

2. 瓦斯风化带的确定

确定瓦斯风化带对预测矿井瓦斯涌出量、掌握瓦斯赋存与运移规律及做好瓦斯管理工作具有实际意义。

（1）地勘时期煤层瓦斯风化带确定

1）确定指标

地勘时期煤层瓦斯风化带确定指标采用瓦斯组分中甲烷气体体积分数和煤层可燃基瓦斯含量，测值来源于地勘时期实测。

可燃基瓦斯含量是指标准状态下，扣除水分、灰分后，单位质量的煤中所含有的瓦斯气体体积量，单位为 m^3/t。

2）判定规则

①当烟煤和无烟煤瓦斯组分中甲烷气体体积分数小于 80% 且可燃基瓦斯含量满足下列条件时，则指标测定点处于瓦斯风化带内：

a. 长焰煤：可燃基瓦斯含量≤1.0 m^3/t；

b. 气煤：可燃基瓦斯含量≤1.5 m^3/t；

c. 肥、焦煤：可燃基瓦斯含量≤2.0 m^3/t；

d. 瘦煤：可燃基瓦斯含量≤2.5 m^3/t；

e. 贫煤：可燃基瓦斯含量≤3.0 m^3/t；

f. 无烟煤：可燃基瓦斯含量≤5.0 m^3/t。

②当褐煤瓦斯组分中甲烷气体体积分数小于 80% 时，则指标测点处于瓦斯风化带内。

（2）生产时期煤层瓦斯风化带确定

1）确定指标

生产时期煤层瓦斯风化带确定指标采用瓦斯组分中甲烷气体体积分数、煤层可燃基瓦斯含量或煤层瓦斯压力，测值来源于生产时期实测。

2）判定规则

①当烟煤和无烟煤瓦斯组分中甲烷气体体积分数小于 80%，且可燃基瓦斯含量符合地勘时期相同标准或瓦斯压力不大于 0.15 MPa 时，则指标测定点处于瓦斯风化带内。

②当褐煤瓦斯组分中甲烷气体体积分数小于 80% 时，则指标测点处于瓦斯风化带内。

瓦斯风化带边界以下即为甲烷带，其煤层的瓦斯压力、瓦斯含量随埋藏深度的增加有规

律地增长。增长的梯度在不同煤质（碳化程度）、不同地质构造与赋存条件下有所不同。相对瓦斯涌出量也随开采深度的增加而有规律地增加。从甲烷带内某一深度起，某些矿除普通瓦斯涌出外，还会出现特殊瓦斯涌出，即瓦斯喷出和煤与瓦斯突出。因此，在甲烷带内的矿井或区域，不仅在风量不足和停风时有瓦斯窒息和瓦斯爆炸危险，在正常通风条件下，当出现特殊瓦斯涌出现象时，也可能发生窒息、爆炸及煤流埋人等事故。因此只有掌握矿井瓦斯的赋存与运移规律，采取相应的措施才能有效防止瓦斯事故的发生。

第二节　煤层瓦斯的赋存

一、煤的孔隙性及吸附性

1. 煤的孔隙性

煤体之所以能保存一定数量的瓦斯，是因为煤体内具有大量的孔隙。煤的孔隙性决定着煤吸附瓦斯的能力、煤的渗透性和强度。根据孔隙对瓦斯吸附、渗透和煤强度等性质的影响，一般按直径把孔隙分为以下几种：

（1）微孔：直径小于 0.01 μm，构成煤的吸附空间。

（2）小孔：直径为 0.01～0.1 μm，构成瓦斯凝结和扩散的空间。

（3）中孔：直径为 0.1～1 μm，构成瓦斯层流渗流的空间。

（4）大孔：直径为 1～100 μm，构成强烈层流渗流的空间，是结构高度破坏煤的破碎面。

（5）可见孔和裂隙：大于 100 μm，构成层流及紊流混合渗流空间，是坚固和中等强度煤的破碎面。

煤的孔隙性通常用孔隙率表示，即煤中孔隙总体积与煤的总体积之比，通常用百分数表示。

2. 煤的吸附性

固体物质都具有或强或弱的，能把周围介质中的分子、原子或离子吸附到自己表面的能力，称为该物质的吸附性，煤就有很强的吸附性，是一种很好的吸附剂。

煤吸附的瓦斯量不但取决于煤的变质程度，还取决于瓦斯压力、煤体温度、煤中内在水分及煤的岩相成分。煤的变质程度是决定煤的瓦斯吸附量的重要因素。一般情况下，煤的变质程度越高，煤吸附的瓦斯量越多。

二、煤层的透气性

煤层的透气性表现为瓦斯流动受到的煤层的阻力，一般用透气性系数表示。透气性系数越大，瓦斯在煤层中流动越容易；透气性系数越小，阻力越大，瓦斯流动越困难。松软煤层的透气性低，从原始煤体中很难抽出瓦斯。煤层透气性系数在我国普遍使用的单位是

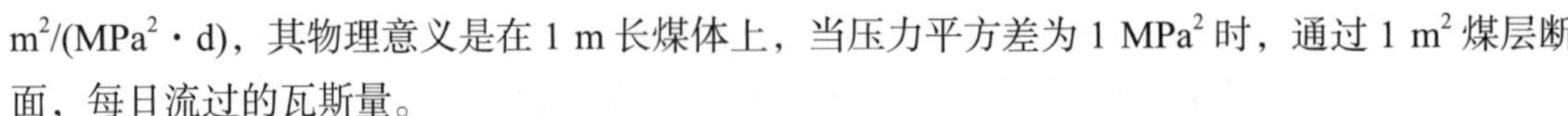

$m^2/(MPa^2 \cdot d)$，其物理意义是在 1 m 长煤体上，当压力平方差为 1 MPa^2 时，通过 1 m^2 煤层断面，每日流过的瓦斯量。

三、瓦斯在煤中的赋存状态

瓦斯在煤层中的赋存状态有 2 种，即游离状态和吸附状态。

1. 游离状态

游离状态也称自由状态，这种状态的瓦斯以自由气态存在，服从理想气体定律，存在于煤体或围岩的裂隙和较大孔隙内。游离瓦斯量的大小主要取决于煤的孔隙率，在相同的瓦斯压力下，煤的孔隙率越大，所含游离瓦斯量也越大。在储存空间一定时，瓦斯量的大小与瓦斯压力成正比，与瓦斯温度成反比。

2. 吸附状态

吸附状态的瓦斯主要存在于煤的微孔表面上（吸着状态）和煤的微粒结构内部（吸收状态）。吸着状态是在微孔表面的固体分子引力作用下，瓦斯分子被紧密地吸附于微孔表面上，形成很薄的吸附层；而吸收状态是瓦斯分子充填到极其微小的微孔孔隙内，占据着煤分子结构的空位和煤分子之间的空间，如同气体溶解于液体中的状态。

吸附瓦斯量的大小，与煤的孔隙结构特点、瓦斯压力和煤的温度、湿度有关。一般规律是：煤中的微孔越多、瓦斯压力越大，吸附瓦斯量越大；随着煤的温度增加，煤的吸附能力下降；煤中的水分会占据微孔的部分表面积，故煤的湿度越大，吸附瓦斯量越小。

煤体中的瓦斯含量是一定的，但以游离状态和吸附状态存在的瓦斯是可以相互转化的，这取决于温度和压力等条件的变化。例如，当温度降低或压力升高时，一部分瓦斯将由游离状态转化为吸附状态，这种现象叫做吸附；反之，当温度升高或压力降低时，一部分瓦斯就由吸附状态转化为游离状态，这种现象叫做解吸。

在现今开采深度内，煤层内的瓦斯主要以吸附状态存在，游离状态的瓦斯只占总量的 10% 左右。

四、煤层瓦斯含量

1. 煤层瓦斯含量的表示

煤层瓦斯含量是指单位质量或体积的煤在自然状态下所含有的瓦斯量，以 m^3/t 或 m^3/m^3 表示。

2. 影响煤层瓦斯含量的因素

煤层瓦斯含量包括游离瓦斯的量和吸附瓦斯的量。煤层未受采动影响的瓦斯含量称为原始（或天然）瓦斯含量；如煤层受采动影响，已部分排放瓦斯，则剩余在煤层中的瓦斯含量称为残存瓦斯含量。煤层瓦斯含量取决于瓦斯向地表运移的条件与煤层储存瓦斯的性能，如煤层的埋藏深度、煤层与围岩的透气性、煤层倾角、煤层露头、地质构造、煤的吸附性和水文地质条件等。

（1）煤层的埋藏深度

煤层的埋藏深度是决定煤层瓦斯含量的主要因素。埋藏深度的增加不仅会加大地应力，使煤层与岩层的透气性变差，而且还会加大瓦斯向地表运移的距离，有利于瓦斯的储存。在不受地质构造影响的区域，当深度不大时，煤层的瓦斯含量随深度呈线性增加。当深度大到一定程度时，瓦斯含量会趋于稳定。

（2）煤层与围岩的透气性

煤层与围岩的透气性对煤层瓦斯含量有很大影响。煤层与围岩的透气性越大，煤层瓦斯越易流失，煤层瓦斯含量越小；反之，煤层与围岩的透气性越小，瓦斯越易于保存，煤层瓦斯含量越大。

（3）煤层倾角

瓦斯沿煤层层面流动比沿垂直层面流动容易，所以在相同条件下，煤层倾角越小，瓦斯含量越大。

（4）煤层露头

煤层露头是瓦斯向地面排放的出口。地表有露头，并且存在时间越长，瓦斯排放越多，瓦斯含量越小；反之，地表无露头时，瓦斯含量会相对较高。

（5）地质构造

地质构造是影响煤层瓦斯含量的重要因素之一。就构造形态而言，封闭型地质构造有利于封存瓦斯，使煤层瓦斯含量增大；开放型地质构造有利于排放瓦斯，使煤层瓦斯含量减少。

（6）煤的吸附性

煤是天然的吸附体，在其他条件相同时，煤的变质程度越高，吸附性越强，存储瓦斯的能力也越强，煤层瓦斯含量就越大。

（7）水文地质条件

虽然瓦斯在水中的溶解度很小，但是如果煤层中有较大的含水裂隙或有流通的地下水通过时，经过漫长的地质年代，也能从煤层中带走大量瓦斯，降低煤层的瓦斯含量。此外，地下水还会溶蚀并带走围岩中的可溶性矿物质，从而增加了煤系地层的透气性，进而使煤层瓦斯含量减少。

五、煤层瓦斯压力

煤层瓦斯压力是指赋存在煤层孔隙中的游离瓦斯所表现出来的气体压力，即瓦斯作用于孔隙壁的压力。煤层瓦斯压力的单位一般用 MPa 表示。煤层瓦斯压力可分为：煤层瓦斯原始压力，即未受采动及抽采影响的煤体内的瓦斯压力；以及煤层瓦斯残存压力，即受采动及抽采影响的煤体内现存的瓦斯压力。

煤层瓦斯压力取决于瓦斯赋存状态，当煤的孔隙率相同时，游离瓦斯量与瓦斯压力成正比；当煤吸附瓦斯的能力相同时，煤层瓦斯压力越高，煤吸附的瓦斯量越大。

六、矿井瓦斯地质图

1. 矿井瓦斯地质图的含义

矿井瓦斯地质图是揭示瓦斯地质规律，表达瓦斯压力、瓦斯含量、煤与瓦斯突出危险性、瓦斯涌出量预测和瓦斯资源量评价结果，反映瓦斯、地质和采掘工程信息的综合性图件。

2. 矿井瓦斯地质图的类型

矿井瓦斯地质图一般是在各种煤矿地质图的基础上绘制的，按其编绘形式可分为瓦斯地质综合柱状图、瓦斯地质剖面图、瓦斯地质平面图等类型。

（1）瓦斯地质综合柱状图

瓦斯地质综合柱状图是在煤系综合柱状图或地层柱状图的基础上，叠加上瓦斯相关的内容后编制而成的。它可以反映某一块段、某一井田或矿区的煤系瓦斯地质概况。主要内容除一般地质内容外，还包括煤系地层的透气性和煤层的瓦斯特征。

（2）瓦斯地质剖面图

瓦斯地质剖面图是以煤层地质剖面图为基础，叠加上瓦斯相关的内容后编制而成的。按剖切范围的大小，还可以进一步划分为突出点剖面图和矿井、矿区瓦斯剖面图等。其中，突出点剖面图是反映突出点局部范围的具体特征的图件。矿井、矿区瓦斯剖面图是反映沿某一方向剖面线上瓦斯地质特征的图件，该图应尽量反映剖面线及邻近的瓦斯资料，如大型突出点位、突出带范围等，并附以剖面线上瓦斯参数的变化曲线。

（3）瓦斯地质平面图

一般选用矿井可采煤层底板等高线作为编制底图，比例尺选用 1∶2 000～1∶5 000 绘制。对于开采多煤层的矿井，要分煤层编制。对开采急倾斜煤层的矿井，则以煤层立面投影图为底图。无论平面图还是立面图，均应表示出瓦斯、地质 2 个方面的内容。

3. 相关规定

（1）突出矿井必须编制并及时更新矿井瓦斯地质图，更新周期不得超过 1 年，图中应当标明采掘进度、被保护范围、煤层赋存条件、地质构造、突出点的位置、突出强度、瓦斯基本参数等，作为突出危险性区域预测和制定防突措施的依据。

（2）突出矿井地质测量工作必须遵守以下规定：地质测量部门与防突机构、通风部门共同编制矿井瓦斯地质图。图中应当标明采掘进度、被保护范围、煤层赋存条件、地质构造、突出点的位置、突出强度、瓦斯基本参数及绝对瓦斯涌出量和相对瓦斯涌出量等资料，作为区域突出危险性预测和制定防突措施的依据。矿井瓦斯地质图更新周期不得超过 1 年，工作面瓦斯地质图更新周期不得超过 3 个月。

4. 矿井瓦斯地质图的编制

（1）编图要求

1）地质内容要求

①煤层底板等高线，等高线间距宜根据比例尺 1∶2 000、1∶5 000、和 1∶10 000 依次选取 20 m、50 m 和 100 m，在褶皱、断层影响部位及近水平煤层，可减小等高线间距。

②井田地质勘探钻孔，煤层露头，向斜，背斜，断层，陷落柱，主要含水层等水位线，火成岩分布，煤层厚度，煤层顶、底板砂岩与泥岩分界线，构造煤的类型、厚度分布等。

2）瓦斯内容要求

①矿井应测定煤层瓦斯含量，确定煤层瓦斯风化带。

②瓦斯含量点，瓦斯含量等值线（包括实测线和预测线）。

③瓦斯压力点，瓦斯压力等值线（包括实测线和预测线）。

④掘进工作面绝对瓦斯涌出量点，回采工作面绝对瓦斯涌出量和相对瓦斯涌出量点。

⑤回采工作面绝对瓦斯涌出量等值线和相对瓦斯涌出量等值线，包括实测线和预测线。

⑥瓦斯涌出量区划。

⑦煤与瓦斯突出动力现象点，包括瓦斯突出强度（突出煤量、涌出瓦斯量），突出时间（年、月、日）、标高、埋深等。

⑧煤与瓦斯突出危险性预测参数。

⑨区域突出危险性预测，将井田范围划分为突出危险区和无突出危险区。

⑩瓦斯资源量区块，瓦斯资源量、瓦斯资源丰度、开发顺序等。

（2）编图方法

1）资料收集与整理

①地质资料收集与整理：矿井地质勘探精查或详查报告，矿井生产修编地质报告；矿井设计说明书；矿井采掘工程平面图，煤层底板等高线图，井上下对照图，地层综合柱状图，地质剖面图；采、掘工作面地质说明书和相关图件；煤巷地质编录的煤厚变化、断层、褶皱、顶板与底板岩性变化和构造煤厚度，测井曲线解释、地球物理方法探测的断层、构造煤厚度等；钻孔柱状图和勘探线剖面图；断层、褶皱、陷落柱、岩浆岩等；含水层、隔水层、等水位线等水文地质资料；地震勘探等物探资料。

②瓦斯资料收集与整理：建矿以来掘进、回采工作面瓦斯日报表，风量报表，产量报表，采、掘月进尺等资料；回采工作面的绝对瓦斯涌出量和相对瓦斯涌出量，掘进工作面的绝对瓦斯涌出量；地质勘探钻孔测定的煤层瓦斯含量和生产阶段测定的煤层瓦斯含量；地面和井下瓦斯抽采设计方案，瓦斯抽采台账（包括瓦斯抽采钻孔地点、负压、流量、浓度）等；煤层瓦斯压力，煤层瓦斯吸附常数，煤层透气性系数；采掘工作面煤与瓦斯突出危险性预测指标；建矿以来煤与瓦斯突出动力现象资料，包括突出发生过程、突出位置地质资料、突出强度及作业工序资料等。

2）煤层瓦斯含量、瓦斯压力预测

在厘清矿井瓦斯地质规律的基础上，结合该矿井及邻近矿井揭露的瓦斯地质资料，划分瓦斯地质单元，分析影响瓦斯赋存的主控因素，建立煤层瓦斯含量和煤层瓦斯压力预测模型，预测新水平、新采区、新采面或新建矿井的煤层瓦斯含量和瓦斯压力。

3）瓦斯涌出量预测

矿井瓦斯涌出量预测方法可概括为3类：分源预测法、矿山统计法和瓦斯地质统计法。

4）区域突出危险性预测

在厘清矿井瓦斯地质规律的基础上，结合瓦斯地质资料，根据相关法规和标准的规定，进行区域突出危险性预测，划分突出危险区和无突出危险区。

5）矿井瓦斯资源评价

通过瓦斯资源量块段划分，根据矿井瓦斯地质图，按照相关标准规定的资源量计算公式计算矿井瓦斯资源量。根据勘探程度、构造复杂程度、煤层顶底板岩性、水文地质条件、瓦斯资源丰度、煤层裂隙、构造煤的发育程度等因素，评价瓦斯开采技术条件。

6）矿井瓦斯地质图编绘

①地理底图及其内容取舍。应以煤层底板等高线图和矿井采掘工程平面图作为地理底图，比例尺宜选取 1∶2 000、1∶5 000 或 1∶10 000；地理底图应反映最新的地质信息、测量信息和采掘信息。矿井瓦斯地质图以瓦斯和地质内容为主体，为突出表现瓦斯分布和影响瓦斯分布的地质因素等主体内容，应对地理底图的地质、采掘工程内容进行取舍，见表 1–2。

表 1–2　矿井瓦斯地质图地理底图编绘主要内容

序号	编绘内容	序号	编绘内容
1	钻孔	9	岩浆岩
2	井筒	10	构造煤厚度
3	煤层露头	11	断层
4	井田边界	12	等水位线
5	煤层底板等高线	13	陷落柱
6	向斜轴	14	工作面名称
7	背斜轴	15	煤种分界线、煤层分叉合并线
8	巷道	16	重要的地名、建筑物

②地理底图编绘。在内容取舍后的地理底图上，进行分层数字化。按照附录一（矿井瓦斯地质图图例）进行底图编绘，可对煤层底板等高线图、采掘工程平面图的内容进行简化，删除联络巷，回采巷道单线条表示，采空区不宜表示在图上。

③瓦斯信息编绘。根据附录一的要求将瓦斯参数点、瓦斯等值线和区块界限、瓦斯涌出量编绘到地理底图上。

【知识拓展】

瓦斯治理理念

- 坚持“先抽后采、监测监控、以风定产”的瓦斯治理方针，树立“瓦斯是害也是宝”“以抽为主、以排为辅”“以抽保用、以用促抽”“以风定产、以抽定产”，以及瓦斯抽采既是发展生产力、保护生命、保护资源、保护环境，也是有效实现矿井安全高效生产的先进理念。

- 树立“瓦斯超限就是事故”的安全理念，始终坚持“瓦斯零超限”目标管理，坚持“瓦斯不治、矿无宁日”的观念，坚持瓦斯事故是投入不到位、技术不到位、管理不到位、人的行为不到位造成的，坚持“没有治不了的瓦斯，只有监测不准的数据；没有卸不了压的瓦斯，只有打不到位的钻孔”，坚持瓦斯事故是可以预防和避免的治理理念。
- 树立“通风是基础、抽采是关键、防突是重点、监控是保障”“煤矿以安全为天、安全以瓦斯为天”的安全理念。

技能实训一　煤层透气性系数的测定

一、实训目标

学会井下直接测定煤层透气性系数的方法和步骤，培养动手操作能力和数据分析能力。

二、任务描述

煤层透气性系数是衡量煤层瓦斯流动难易程度的重要参数，也是评价煤层抽采能力的重要指标。在计算瓦斯抽采半径、瓦斯涌出量和评价增透效果时均需准确测定煤层瓦斯透气性系数。由于煤质、赋存条件、地质条件等因素的影响，不同矿井的煤层透气性系数有很大差异。因此，准确测定煤层透气性系数对于瓦斯抽采利用和瓦斯灾害防治具有重要意义。

三、任务准备

（1）备齐并检查所需的压力表、气体流量计等仪器设备。

（2）学习煤层透气性系数的计算方法。

四、知识要点

1. 测定步骤

（1）从岩巷向煤层打钻孔，孔径不限，钻孔与煤层的夹角尽量接近90°，如图1-1所示。记录钻孔的方位角、仰角和钻孔在煤层的长度。记录钻孔见煤和打完煤层的时间（年、月、日、时、分），取这两个时间的中间值作为钻孔开始排放瓦斯时间的起点。终孔后应清除孔内的煤屑。

（2）封孔，要求封孔严密不漏气，岩孔封孔长度不小于3 m，以便测得煤层的真实瓦斯压力值。测压管直径不应过小，可使用内径大于10 mm的钢管。上压力表之前要测定钻孔瓦斯流量，并记录流量与测定流量的时间（年、月、日、时、分）。

（3）压力表指示的数值稳定后，即可读出煤层原始瓦斯压力值，并进行煤层透气系数的测定。

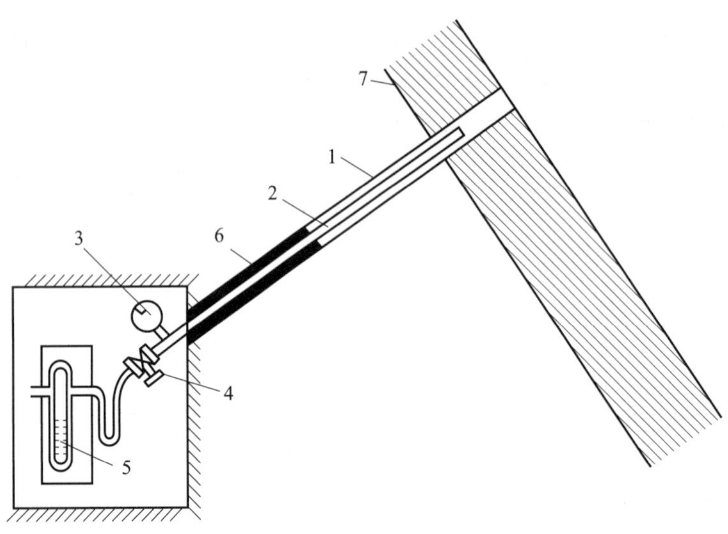

1—钻孔；2—测压管；3—压力表；4—控制阀；5—流量计；6—封孔器；7—煤层

图 1-1 煤层透气性系数现场测定示意图

（4）卸下压力表排放瓦斯，测定钻孔瓦斯流量。在测定时要记录时间（年、月、日、时、分），包括卸表大量排放瓦斯时间与每次测定瓦斯流量的时间。为了安全卸表和排气，可使用带有排气孔的压力表丝扣，卸表时逐渐退出压力表接头，使测压管与排气孔沟通而控制排气量。对于风量不大的测压巷道，卸表时有大量瓦斯排放出，会造成巷道瓦斯浓度超限，为了确保安全，可在压力表丝扣的排气孔上焊一段小管，连上胶管将排出的瓦斯引入瓦斯管路或回风巷中。

测量流量的仪表，当流量大时可用小型孔板流量计或浮子流量计；而流量小时可用 0.5 m^3/h 的湿式气体流量计（煤气表），也可以用排水集气法测气体的流量。

封孔后上压力表前测得的流量也可用来计算透气性系数。

2. 计算公式

煤层透气性系数 λ 按表 1-3 中的公式计算。

表 1-3　　煤层透气性系数计算公式表

流量准数 Y	时间准数 $F_0=B\lambda$	系数 a	指数 b	煤层透气性系数 λ	常数 A	常数 B
$Y=aF_0^b=\dfrac{A}{\lambda}$	$10^{-2}\sim1$	1	−0.38	$\lambda=A^{1.61}B^{1/1.64}$	$A=\dfrac{qr_1}{P_0^2-P_1^2}$	$B=\dfrac{4tP_0^{1.5}}{\alpha r_1^2}$
	$1\sim10$	1	−0.28	$\lambda=A^{1.39}B^{1/2.56}$		
	$10\sim10^2$	0.93	−0.20	$\lambda=1.1A^{1.25}B^{0.25}$		
	$10^2\sim10^3$	0.588	−0.12	$\lambda=1.83A^{1.14}B^{1/7.3}$		
	$10^3\sim10^5$	0.512	−0.10	$\lambda=2.1A^{1.11}B^{1/9}$		
	$10^5\sim10^7$	0.344	−0.065	$\lambda=3.14A^{1.07}B^{1/14.4}$		

式中，Y——流量准数，无因次；

F_0——时间准数，无因次；

a、b——无因次系数；

P_0——煤层原始瓦斯压力（绝对压力），MPa；

P_1——钻孔中的瓦斯压力，一般为 0.1 MPa；

λ——煤层透气性系数，$m^2/(MPa^2 \cdot d)$；

r_1——钻孔半径，m；

q——在排放时间为 t 时，钻孔煤壁单位面积的瓦斯流量，$m^3/(m^2 \cdot d)$，$q=\dfrac{Q}{2\pi r_1 L}$；

Q——在时间为 t 时测出的钻孔流量，m^3/d；

L——钻孔见煤长度，一般为煤层厚度，m；

t——从钻孔卸压到测定钻孔瓦斯流量的时间，d；

α——煤层瓦斯含量系数，$m^3/(t \cdot MPa^{1/2})$，$\alpha=\dfrac{X}{\sqrt{P_0}}$；

X——煤的瓦斯含量，m^3/t。

计算透气性系数时，由于表 1-3 中的公式较多，须采用试算法来确定选取的公式，即先选用其中任意一个公式计算出 λ 值，然后将算出的 λ 值代入，校验 F_0 值是否在选用公式的适用范围内。如在适用范围，则选式正确，算出的 λ 值即为煤层透气性系数；如不在适用范围，则根据算出的 F_0 值，选其所在范围的公式进行计算。一般 $t<1\,d$ 时，可选用 $F_0=1\sim10$ 对应的公式；$t>1\,d$ 时，可选用 $F_0=10\sim10^2$ 对应的公式进行计算。

五、实训过程

（1）实训前，由指导教师进行煤层透气性系数测定过程的讲解及演示操作。

（2）备齐压力表、气体流量计等仪器设备，并检查其是否完好、可靠。

（3）按照煤层透气性系数测定步骤测出相关数据并记录。

（4）计算煤层透气性系数。

（5）由指导教师点评测定过程及计算结果。

六、注意事项

（1）实训过程中，学生必须遵守操作规程，按照规定顺序进行操作。

（2）不得野蛮操作，不得损坏仪器、设备。

（3）做好安全防护，实训过程中，谨防自身伤害及相互伤害事故。

（4）实训完成后，对所有仪器设备进行清洁，并按要求存放。

七、总结与思考

（1）打测压钻孔时要注意有无喷孔，如有喷孔，应测定喷出煤量，然后折合计算孔径。

（2）测定钻孔瓦斯流量时，可在不同时间多测几个瓦斯流量值，以便分析离钻孔不同距离的煤体透气性的变化规律。

（3）卸压后到测定流量时间长时，钻孔见煤长度 L 可不取实测值（如钻孔与煤层面斜交），而取煤层厚度；如时间短，则应取实测值。

技能实训二　煤层瓦斯含量的测定

一、实训目标

学会直接测定法测定煤层瓦斯含量的方法、步骤和仪器使用方法，培养动手操作能力和数据分析能力。

二、任务描述

测定煤层瓦斯含量，有助于及时发现和预防煤与瓦斯突出、瓦斯爆炸等事故，保障煤矿安全生产；可以为瓦斯抽采、瓦斯利用提供科学依据，提高瓦斯治理效率；有助于优化煤炭开采方案，提高煤炭开采效率和资源利用率。

三、任务准备

（1）备齐并检查所需的瓦斯解吸速度测定仪、煤样罐、真空脱气装置或常压自然解吸测定装置、空盒气压计、秒表、穿刺针头或阀门、温度计、球磨机或粉碎机、气相色谱仪、天平、超级恒温器等仪器设备。

（2）学习测定煤层瓦斯含量所需的采样、解吸、脱气、计算等步骤。

（3）学习使用 WP－1(A) 型井下煤层瓦斯含量快速测定仪测定煤层瓦斯含量的操作步骤和注意事项。

四、知识要点

煤层瓦斯包括游离瓦斯和吸附瓦斯。煤层瓦斯含量的测定方法分为直接测定法和间接测定法两类。直接测定法是利用打钻采集煤芯，在专用煤层瓦斯解吸和脱气的仪器上，将煤中瓦斯解吸和抽吸出来，计算煤层的瓦斯含量。主要包括采样、解吸、脱气和计算等步骤。间接测定法是通过测定瓦斯压力、吸附常数（a、b）、孔隙率等参数计算瓦斯含量，比直接测定法更加复杂。这里主要介绍煤层瓦斯含量的直接测定法。

1. 采样（取样）

（1）采样前的准备

①所有用于采样的煤样罐在使用前必须进行气密性检测；气密性检测可通过向煤样罐内注空气至表压 1.5 MPa 以上，关闭后搁置 12 h，压力不降方可使用。禁止在丝扣及胶垫上涂润滑油。

②解吸仪在使用之前，将量管内灌满水，关闭底塞并倒置过来，放置 10 min 量管内水面不动为合格。

（2）煤样采集

①采样钻孔布置。同一地点至少应布置两个采样钻孔，间距不小于 5 m。

②采样方式。在未经过瓦斯抽采的石门、岩石巷道或新暴露的采掘工作面向煤层打钻，用煤芯采取器（简称煤芯管）采集煤芯或定点取样采集煤屑，采集煤芯时一次取芯长度应不小于 0.4 m。

③采样深度。采样深度应超过钻孔施工地点巷道的影响范围，并满足以下要求：在采掘工作面采样时，采样深度应根据采掘工作面的暴露时间来确定，但不得小于 12 m；在石门或岩石巷道采样时，距煤层的垂直距离应视岩性而定，但不得小于 5 m。测定残余瓦斯含量时，采样不受此限制。

④采样时间。采样时间是指用于瓦斯含量测定的煤样从割芯（或钻屑）到被装入煤样罐密封所用的实际时间。采样时间越短越好，且不得超过 30 min。

⑤取出煤芯后，对于柱状煤芯，采取中间含矸石少的完整的部分；对于粉状及块状煤芯，要剔除矸石、泥石及研磨烧焦部分。不得用水清洗煤样，保持自然状态装入密封罐中，不可压实，罐口保留约 10 mm 空隙。

⑥煤样罐密封前，先将穿刺针头插入罐盖上部的密封胶垫，避免造成煤样罐憋气现象，然后用扳手拧紧罐盖，再将排气管与穿刺针头连接来测定瓦斯解吸速度。

⑦参数记录。采样时，应同时收集以下有关参数并记录在附表 2-1 中：

a）地质参数：采样地点、煤层名称、埋深（地面标高、煤层底板标高）、采样深度、钻孔方位、钻孔倾角。

b）时间参数：采样日期、采（取）芯（屑）开始时间、采（取）芯（屑）结束时间、煤样装罐结束时间。

c）样品参数：罐号、样品编号。

2. 测定方法及步骤

（1）井下自然解吸瓦斯量测定

①井下自然解吸瓦斯量采用瓦斯解吸速度测定仪（解吸仪）测定。煤样罐通过排气管与解吸仪连接后，打开弹簧夹，随即有从煤样泄出的瓦斯进入量管，用排水集气法将瓦斯收集在量管内，如图 1-2 所示。

②每间隔一定时间记录量管读数 V_t 及测定时间 T，连续观测 60 min 或解吸量小于 2 cm^3/min 为止。开始观测前 30 min 内，间隔 1 min 读数一次，以后每隔 2～5 min 读数一次；将观测结果填写到附表 2-2 中，同时记录气温、水温及大气压力。

③如果量管体积不足以容纳 60 min 内从煤样泄出的全部瓦斯，可以中途用弹簧夹夹住排气管，使其与解吸仪断开，重新迅速给解吸仪补足清水，然后打开弹簧夹连通解吸仪继续观测。

④如果在解吸仪观测中没有瓦斯泄出，应当检查穿刺针头、排气管及煤样罐上部排气孔是否堵塞。如果没有堵塞，则是瓦斯含量过小所致，此时，即可终止观测，送实验室测定。

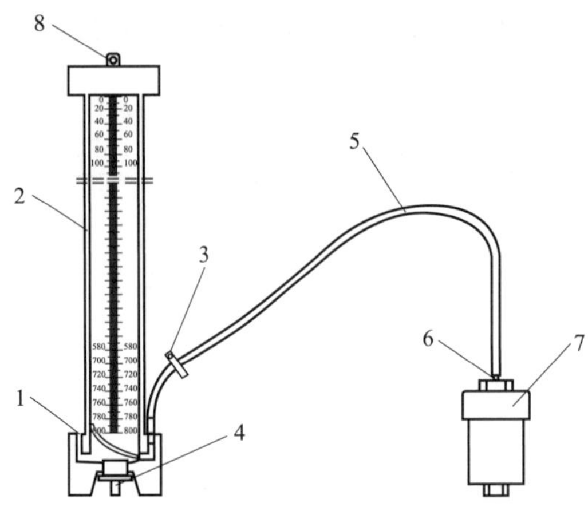

1—排水口；2—量管；3—弹簧夹；4—底塞；5—排气管；6—穿刺针头或阀门；7—煤样罐；8—吊环

图 1-2　瓦斯解吸速度测定仪与煤样罐连接示意图

⑤观测结束后，抽出穿刺针头，将压紧螺丝稍加拧紧（用力适度，不可过紧，以免胶垫失去弹性）。

⑥煤样罐密封运到井上后，要进行试漏，将煤样罐沉入清水中，仔细观察 5 min，检查有无气泡冒出。如果发现有气泡冒出，则要更换胶垫或煤样罐重新采样。如不漏气，可以送实验室继续进行实验。

（2）残存瓦斯含量测定

1）煤样检查与登记

①煤样送到实验室后，仍要进行试漏；如发现漏气即为废品，将检查结果在报告中注明。

②检查瓦斯煤样送验单与罐号是否符合，试验资料是否齐全；经检查无误后，统一登记编号，然后尽快进行下一步测定工作。

2）脱气法

①脱气前的准备工作如下。

a）真空脱气装置（如图 1-3 所示）各玻璃部件组装前要清洗、烘干。组装后，在吸气瓶、真空瓶及量管充以适量的酸性饱和食盐水作为限定液。真空系统各连接部分用真空封胶密封。真空活塞洗净后涂以真空封脂。在擦洗活塞时，要防止有机溶剂对仪器的污染。

b）真空脱气装置使用前要严格进行气密性检查，要求真空系统在仪器最大真空度下放置 4 h，真空计水银液面上升不超过 5 mm。各量管在水准瓶放低情况下液面保持不动。

c）仪器检修后要重新进行气密性检查。

②煤样粉碎前脱气方法如下。

a）预抽真空。煤样与脱气装置连接前，对装置左侧真空系统抽气，达到最大真空度时停泵，观察真空计水银液面，10 min 内保持不动为合格。

b）煤样罐与脱气装置连接。关闭脱气装置的真空计，通过穿刺针头及真空胶管将煤样罐与脱气装置连接。

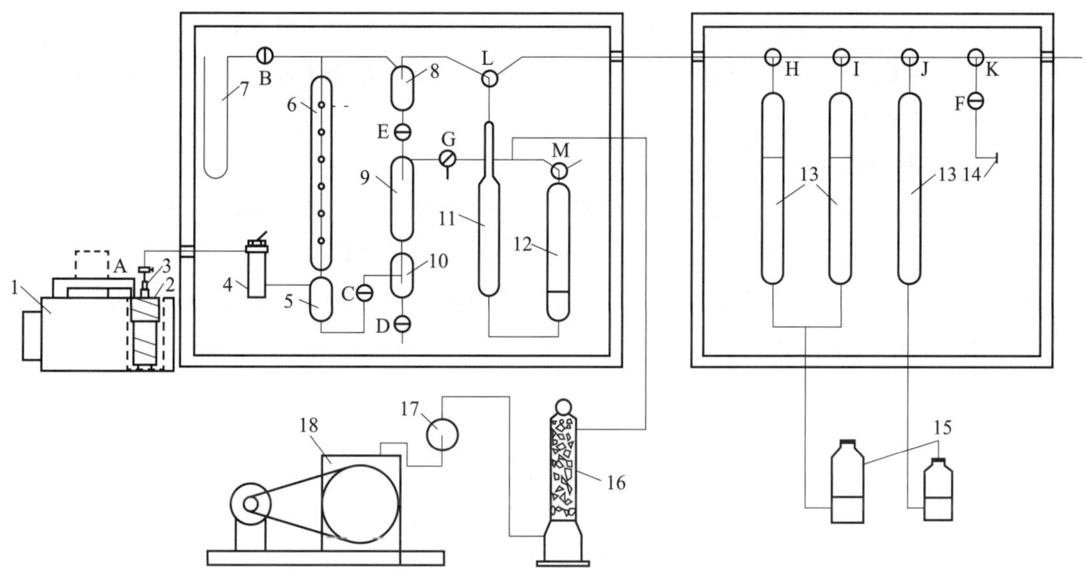

1—超级恒温器；2—密封罐；3—穿刺针头；4—滤尘管；5—集水瓶；6—冷却管；
7—水银真空计；8—隔水瓶；9—吸水管；10—排水瓶；11—吸气瓶；12—真空瓶；
13—量管；14—取气支管；15—水准瓶；16—干燥管；17—分割球；18—真空泵；
A—螺旋夹；B～F—单向活塞；G～K—三通活塞；L、M—120° 三通活塞

图 1-3　真空脱气装置

c）煤样脱气。粉碎前常温脱气：煤样首先在 30 ℃恒温下脱气，直至真空计水银液面不动为止，每隔 30 min 重新抽气，一直进行到每 30 min 内泄出瓦斯量小于 10 cm^3；粉碎前加热脱气：常温脱气后，再将煤样加热至 95～100 ℃恒温，重复 a）进行脱气，脱气终了后，关闭真空计，取下煤样罐，迅速地取出煤样并立即装入球磨罐中密封；脱气过程中如集水瓶积水过多妨碍气流通过时，应及时将积水排出，排水时要防止将真空系统中瓦斯抽出。

③煤样粉碎后脱气和称重方法如下。

a）煤样粉碎。球磨罐使用前进行气密性检查；煤样装罐时，如果块度较大，应事先将煤样在罐内捣碎至粒度 25 mm 以下，然后拧紧罐盖密封；煤样粉碎到粒度小于 0.25 mm 的质量超过 80% 为合格。

b）脱气和称重。煤样粉碎后脱气要一直进行到真空计水银柱稳定为止。然后关闭真空计，取下球磨罐，待罐体冷却至常温后，打开罐体，称量煤样质量（称准到 1 g）并按照《煤样的制备方法》（GB/T 474—2008）缩制成分析煤样，按《煤的工业分析方法》（GB/T 212—2008）分析煤样水分的质量分数 M_{ad}、空气干燥基灰分的质量分数 A_{ad} 及空气干燥基挥发分的质量分数 V_{daf}。剩余煤样保留 1 个月后处理。

④气体体积的计量方法如下。

a）读取量管读数时，应提高水准瓶，使量管内外液面齐平。同时记录大气压力、气压表温度及室温，将观测结果填写在附表 2-3 中。

b）如果三支量管不足以容纳全部脱出的气体，可以将气体混合均匀后，将两支大量管的

气体排出，保留小量管内的气体，同时记录排出的气体体积及相应的参数。脱气完毕后，将气样大致按前后脱出气体体积比例混合。然后，取混合气样进行分析，也可对前后两次脱出气体分别采样分析计算。

3）常压自然解吸法

①解吸系统密封性检查。将量管充水至一定高度后将量管与外界隔绝，待液面稳定后，若量管内液面在 5 min 内下降的刻度小于 2 cm^3 则气路密封性合格。

②煤样罐与地面解吸装置连接。通过胶管将煤样罐与地面解吸装置连接，组成常压自然解吸测定装置，如图 1-4 所示。

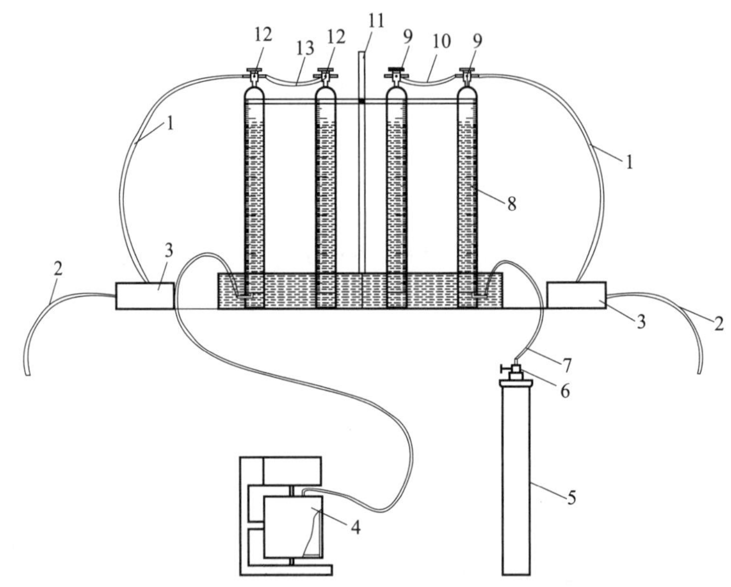

1—抽气管；2—排气管；3—微型真空泵；4—粉碎机料钵；5—煤样罐；6—阀门；7—进气管；8—量管；9—大量管阀门；10，13—连接胶管；11—试验架；12—小量管阀门

图 1-4　常压自然解吸测定装置

③粉碎前自然解吸瓦斯量测定及煤样称重方法如下。

a）读取并记录量管液面初始读数，缓慢打开煤样罐阀门，隔一定时间间隔读取一次瓦斯的解吸量，时间间隔的长短取决于解吸速度；并注意观察解吸累计量的变化规律，发现异常及时处理，或报废。

b）当实测解吸瓦斯体积达到单根量管最大量程 85% 时，打开转换手柄用第二根量管测量。

c）当解吸一段时间后，玻璃管内不再有气泡冒出时解吸完毕，读取并记录解吸玻璃管液面终止读数。

d）将煤样罐内煤样倒入煤样盆中，进一步去除矸石等非煤物质，然后放置在天平上进行煤样称量。

e）记录解吸周围环境的温度、大气压力、煤样质量、测试人员以及煤样送达实验室和开

始地面解吸的时间，将实验测定数据填入附表 2-4 中。

④粉碎后自然解吸瓦斯量测定方法如下。

a）密封性检查。量管充水至一定高度后，将量管与外界隔绝，待液面稳定后，若量管内液面在 5 min 内下降刻度小于 2 cm^3 则气路密封性合格。

b）煤样称重。从煤样盆中取两份相等量的二次煤样，记录二次煤样的质量，煤样的质量一般是 100～300 g，选择整芯或较大块的煤样，确保二次煤样和全煤样有相同的特性，如果两份二次煤样测试结果有较大的差别，应该再取第三份二次煤样；若待粉碎煤样块度较大，应事先将煤样捣碎至粒度 25 mm 以下。

c）粉碎后自然解吸瓦斯量测定。将称量好的二次煤样逐份放入粉碎机料钵内，盖好带有密封圈的盖子，并压紧密封严实；记录量管初始读数，然后进行煤样粉碎；运行时观测解吸瓦斯量体积，当实测解吸瓦斯体积达到单根量管最大量程的 85% 时，打开转换开关用第二根量管测量，粉碎结束时记录量管终止读数；将实验测定数据填入附表 2-4 中；煤样粉碎到 95% 的煤样通过 60 目（孔径 0.25 mm）的分样筛为合格；解吸结束后读取的量管终止读数与解吸前量管初始读数之差即为在本次条件下的解吸瓦斯体积，同时记录大气压力、室温，将观测结果填写在附表 2-4 中。

（3）气样组分分析

1）气样采取

①采用脱气法时，按以下步骤采取气样。

a）采取气样前，调节水准瓶位置，使量管内气体处于正压状态，打开活塞 K 排空气样。用量管内气体冲洗管道，排除管内残留的限定液。然后，用医用注射器（带针头三通）通过取气口吸气，清洗取气支管及针头。连续清洗三次，每次吸气不少于 20 cm^3。清洗完后，采取气样备做分析。

b）用注射器取气样，随用随取，不得保存时间过长（不超过 10 min）。气样保存期间必须保持针头朝下倾斜状态，以免吸入空气。气样在储气瓶中保存时间（由脱气终了算起）不超过 120 min。

c）取气样终了后，必须用限定液将储气瓶及管道中残留气体排除干净。以免影响下一次实验结果。

②采用自然解吸法时，可不进行气样分析，若需进行气样分析，则按以下步骤采取气样：煤样在地面解吸装置中解吸完毕后，将气样袋连接到与解吸管相连的真空泵出气口，启动真空泵进行抽气将瓦斯和空气的混合气体排入气样袋（两袋）。

2）组分分析

采取的气样按《天然气的组成分析　气相色谱法》（GB/T 13610—2020）进行气体各种成分分析。

3. 数据处理

（1）气体体积校正

1）（井下、粉碎前及粉碎后）自然解吸瓦斯量体积的换算按式（1-1）将瓦斯解吸过程中得到的每次量管读数换算为标准状态下体积：

$$V_{t0}=\frac{273.2}{101.3\times(273.2+t_{\mathrm{w}})}\times(P_1-0.00981h_{\mathrm{w}}-P_2)\times V_t \tag{1-1}$$

式中，V_{t0}——换算为标准状态下的气体体积，cm^3；

V_t——T时刻时量管内气体体积读数，cm^3；

P_1——大气压力，kPa；

t_{w}——量管内水温，℃；

h_{w}——量管内水柱高度，mm；

P_2——t_{w}时的饱和水蒸气压（见附表2-8），kPa。

将每次量管读数逐个换算填入附表2-2中，求出各观测时间的瓦斯解吸速度q_t。

2）两次脱气气体体积的换算

按式（1-2）将两次脱气的气体体积换算到标准状态下的体积：

$$V_{tn0}=\frac{273.2}{101.3\times(273.2+t_n)}\times(P_1-0.0167C_0-P_2)\times V_{tn} \tag{1-2}$$

式中，V_{tn0}——换算到标准状态下的气体体积，cm^3；

t_n——实验室温度，℃；

P_1——大气压力，kPa；

C_0——气压计温度，℃；

P_2——在室温t_n下饱和食盐水的饱和蒸气压（见附表2-9），kPa；

V_{tn}——在实验室温度t_n、大气压力P_1条件下量管内气体体积，cm^3。

（2）损失瓦斯量计算

1）煤样解吸瓦斯时间的计算

①规定在指定煤样位置割煤（钻屑）到一半的时间为零时间，暴露时间（T_0）为从零时间到装罐结束（开始解吸测试）的时间。按式（1-3）计算：

$$T_0=\frac{1}{2}(T_2-T_1)+(T_3-T_2) \tag{1-3}$$

式中，T_0——暴露时间，分（min）；

T_1——采（取）煤芯（屑）开始时刻，时：分：秒；

T_2——采（取）煤芯（屑）结束（开始退钻）时刻，时：分：秒；

T_3——装罐结束（开始解吸测定）时刻，时：分：秒。

②煤样的解吸瓦斯时间t是暴露时间（T_0）与装罐后解吸观测时间（T）之和，即$t=T_0+T$。

2）损失瓦斯量的计算

损失瓦斯量可采用以下两种方法或其他经实验验证有效的方法计算。

①$\sqrt{t}$法。此方法是根据煤样开始暴露一段时间内V_{t0}与$\sqrt{t}$成线性关系来确定：

$$V_{t0}=a+b\cdot\sqrt{t} \tag{1-4}$$

式中，a、b——待定常数，当 $\sqrt{t}=0$ 时，$V_{t0}=a$，a 值即为所求的损失瓦斯量。

计算 a 值前首先以 $\sqrt{t}$ 为横坐标，以 V_{t0} 为纵坐标作图，由图大致判定成线性关系的各测点，然后根据这些点的坐标值，按最小二乘法求出 a 值，即为所求的损失瓦斯量。

②幂函数法。幂函数法的步骤如下。

a）将测得的（t，V_t）数据转化为解吸速度数据 $\left(\frac{t_i+t_{i-1}}{2},\ q_t\right)$，并填在附表 2-2 中，然后对 $\left(\frac{t_i+t_{i-1}}{2},\ q_t\right)$ 按式（1-5）拟合求出 q_0 和 n：

$$q_t=q_0\cdot(1+t)^{-n} \tag{1-5}$$

式中，q_t——时间 t 对应的瓦斯解吸速度，cm^3/min；

q_0——$t=0$ 时对应的瓦斯解吸速度，cm^3/min；

t——包括采样时间 T_0 在内的瓦斯解吸时间，min；

n——瓦斯解吸速度衰减系数，$0<n<1$。

b）煤样的损失瓦斯量按式（1-6）计算：

$$V_s=q_0\left[\frac{(1+T_0)^{1-n}-1}{1-n}\right] \tag{1-6}$$

式中，V_s——煤样损失瓦斯量，cm^3；

T_0——煤样暴露时间，min。

（3）煤层自然瓦斯成分计算

煤层自然瓦斯成分是根据煤样粉碎前脱气或粉碎前自然解吸得到的气体成分计算的。

设得到的混合有空气的气体通过气相色谱分析得出各种气体组分［氧气（O_2）、氮气（N_2）、甲烷（CH_4）、二氧化碳（CO_2）］的体积分数分别为：$C(O_2)$、$C(N_2)$、$C(CH_4)$、$C(CO_2)$。按式（1-7）～式（1-9）计算各种气体组分无空气基的浓度，即为煤层自然瓦斯成分：

$$A(N_2)=\frac{C(N_2)-3.57C(O_2)}{100-4.57C(O_2)}\times 100\% \tag{1-7}$$

$$A(CH_4)=\frac{C(CII_4)}{100-4.57C(O_2)}\times 100\% \tag{1-8}$$

$$A(CO_2)=\frac{C(CO_2)}{100-4.57C(O_2)}\times 100\% \tag{1-9}$$

式中，$A(N_2)$、$A(CH_4)$、$A(CO_2)$——扣除空气后各种气体组分的体积分数，%。

（4）各阶段各种气体体积的计算

1）井下自然解吸瓦斯、损失瓦斯、粉碎前及粉碎后自然解吸某种气体体积按式（1-10）计算：

$$V_i^j = \frac{V_j \cdot A(x)}{100\%} \tag{1-10}$$

式中，V_i^j——换算到标准状态下的混合瓦斯中某种气体体积，cm^3；

$A(x)$——煤层瓦斯成分中某气体的体积分数，%。

2）两次脱气某种气体体积按式（1-11）计算：

$$V_i^t = \frac{V_t \cdot C(x)}{100\%} \tag{1-11}$$

式中，V_i^t——换算到标准状态下的混合瓦斯中某种气体体积，cm^3；

$C(x)$——分别为两次脱气气体的分析体积分数，%。

（5）煤层瓦斯含量计算

瓦斯含量测定结果有两种表达方式，一种是空气干燥基（原煤）瓦斯含量，另一种是干燥无灰基瓦斯含量。干燥无灰基即为空气干燥基质量减去灰分、水分质量。

采用脱气法测定时，煤层瓦斯含量包括四部分：井下解吸瓦斯量、损失瓦斯量、粉碎前瓦斯量、粉碎后瓦斯量；采用常压自然解吸法测定时，煤层瓦斯含量包括五部分：井下解吸瓦斯量、损失瓦斯量、粉碎前自然瓦斯解吸量、粉碎后自然瓦斯解吸量与常压不可解吸瓦斯量。

1）各阶段的煤样瓦斯含量计算

①采用脱气法测定时，井下解吸瓦斯量、损失瓦斯量、粉碎前瓦斯量、粉碎后瓦斯量按式（1-12）计算：

$$X_i = \frac{\sum V_i}{m} \tag{1-12}$$

式中，X_i——各阶段煤样瓦斯含量，cm^3/g；

m——煤样质量（分为空气干燥基和干燥无灰基），g；

V_i——各阶段某种气体体积，cm^3。

②采用常压自然解吸法测定时，井下解吸瓦斯量、损失瓦斯量、粉碎前自然瓦斯解吸量、粉碎后自然瓦斯解吸量按式（1-12）计算。常压不可解吸瓦斯量可按式（1-13）计算或采用煤的甲烷吸附量测定方法测定的常压吸附量，常压吸附量与标准大气压状态下的游离瓦斯含量之和即为常压不可解吸瓦斯量：

$$X_b = \frac{0.1ab}{1+0.1b} \cdot \frac{100 - A_{ad} - M_{ad}}{100} \cdot \frac{1}{1+0.31M_{ad}} + \frac{\pi}{\gamma} \tag{1-13}$$

式中，X_b——煤在标准大气压力下的不可解吸瓦斯量，cm^3/g；

a——煤的瓦斯吸附常数，试验温度下煤的极限吸附量，cm^3/g；

b——煤的瓦斯吸附常数，MPa^{-1}；

A_{ad}——煤的灰分，%；

M_{ad}——煤的水分，%；

π——煤的孔隙率，cm^3/cm^3；

γ——煤的容重，g/cm^3。

2）煤层瓦斯含量计算

①采用脱气法测定时，煤层瓦斯含量 X 按式（1-14）计算：

$$X = X_1 + X_2 + X_3 + X_4 \tag{1-14}$$

式中，X_1——煤样的解吸瓦斯量，cm^3/g；

X_2——煤样的损失瓦斯量，cm^3/g；

X_3——煤样粉碎前脱气瓦斯量，cm^3/g；

X_4——煤样粉碎后脱气瓦斯量，cm^3/g。

②采用常压自然解吸法测定时，煤层瓦斯含量 X 按式（1-15）计算：

$$X = X_1 + X_2 + X_3 + X_4 + X_b \tag{1-15}$$

式中，X_1——煤样的井下解吸瓦斯量，cm^3/g；

X_2——煤样的损失瓦斯量，cm^3/g；

X_3——煤样粉碎前解吸瓦斯量，cm^3/g；

X_4——煤样粉碎后解吸瓦斯量，cm^3/g；

X_b——不可解吸瓦斯量，cm^3/g。

（6）测定报告

实验室测定的结果应相应填写在附表2-3至附表2-6中，并将实验过程中发生的各种情况（如密封罐漏气、脱气过程中有瓦斯损失等）详细填写在备注中。并汇总井下测定结果提出最终试验报告（见附表2-7）。

4. 煤矿井下煤层瓦斯含量快速测定法

（1）WP-1（A）型井下煤层瓦斯含量快速测定仪的功能

WP-1（A）型井下煤层瓦斯含量快速测定仪用于煤矿井下煤层瓦斯含量快速测定，可快速（30 min）测定原始煤体或采掘工作面煤体瓦斯含量，便于及时掌握煤层瓦斯赋存情况。可实现以下功能：

①实测井下自然解吸瓦斯量；

②快速计算煤样暴露过程中的瓦斯损失量；

③快速计算煤样罐中的残存瓦斯含量；

④快速生成瓦斯含量测定报表，保存历史测定数据；

⑤可将测定仪中测定报表、历史数据拷贝出来，存储在计算机中，永久保存。

（2）WP-1（A）型井下煤层瓦斯含量快速测定仪的使用与操作

1）主控界面

测定仪开机启动后，点击“进入系统”按钮进入系统主控界面，主控界面包含“井下解吸”“损失量计算”“残存量计算”“测定报表”“历史数据”“设置”等功能按钮。

2）设置

首次使用仪器时，在主控界面点击“设置”按钮进入设置页面，对矿井各项参数进行初始设置。

①设置矿井基本信息和瓦斯解吸曲线 X 轴、Y 轴量程范围。如图 1-5 所示，在设置页面一中输入矿井名称、煤层、采样地点等信息，点击“保存设置”按钮，将输入参数设定为初始值。

图 1-5　设置页面一

需要注意的是：

a. X 轴为解吸时间，默认值为 1 800 s（30 min），“解吸速率曲线” Y 轴为瓦斯解吸速度，默认值为 130 mL/min，“累计解吸量曲线” Y 轴为瓦斯累计解吸量，默认值为 600 mL。

b. 可根据矿井以往瓦斯解吸情况对 X 轴、Y 轴最大值进行设置，保证解吸时曲线能全部显示。

c. 井下解吸过程中，若发现 X 轴、Y 轴量程偏大或偏小，可返回主控界面，进入设置页面对坐标轴最大值进行调整，再返回解吸页面。

②设置吸附常数 a、b 的值和煤质工业分析参数。如图 1-6 所示，在设置页面二中输入 a、b 的值，以及煤的灰分、水分、孔隙率、容重等数据，点击“保存设置”按钮，将输入参数设定为初始值。

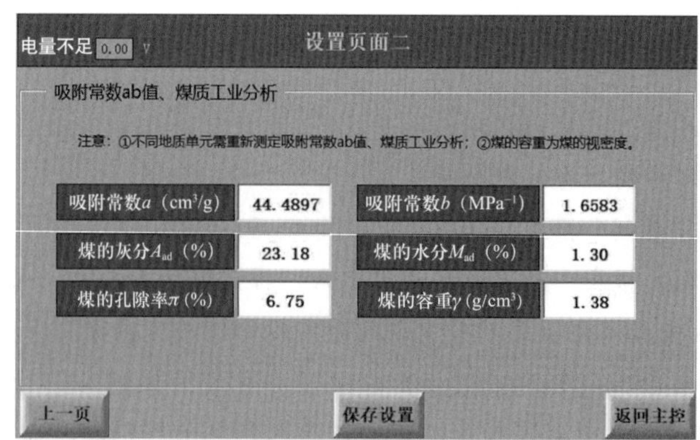

图 1-6　设置页面二

3）井下解吸

在主控界面点击“井下解吸”按钮进入解吸界面。

①采样基本信息录入：

a. 井下煤样采集工作前，录入“采样编号”“采样标高”“采样前煤样罐质量”等数据。

b. 采样基本信息录入完毕后，点击“下一页”进入“井下自然解吸页面”。

②井下自然解吸：

a. 进入“井下自然解吸”界面后，点击“复位”按钮，弹出窗口后，点击“确定”按钮，将所有数据恢复初始值，以免前一轮数据对本轮数据产生影响。

b. 待钻头钻至预定采样位置时，点击“开始采样”按钮，界面会自动显示采样日期和采样时间。

c. 煤样装入粉碎装置后，连接好解吸管路，点击“开始解吸”按钮进行瓦斯解吸作业，前 10 min 煤样自然解吸，不用粉碎装置破碎煤样，解吸 10 min 后打开破碎装置动力阀门，在破碎煤样的同时进行解吸。

当煤样充分粉碎后，解吸速率小于 2 mL/min 时，点击“结束解吸”按钮，结束井下自然解吸作业，点击“返回主控”按钮，返回主控界面。

4）损失量计算

①现场解吸完毕后，将煤样从粉碎装置倒入煤样罐中，返回主控页面，点击“损失量计算”按钮，进入损失量计算页面。

②对煤样罐进行称重，手动输入“采样后煤样罐质量”，点击“计算”按钮，仪器将自动计算出煤样质量、煤样暴露时长、瓦斯损失量等结果。

5）残存量计算

①损失量计算完毕后，返回主控页面，点击“残存量计算”按钮，进入残存量计算页面。

②点击“计算”按钮，仪器将自动计算出瓦斯残存量结果（若“设置页面二”中未设定吸附常数和煤质工业分析参数值，则需在该页面中手动输入）。

6）测定报表

①残存量计算完毕后，返回主控页面，点击“测定报表”按钮，进入瓦斯含量测定报表页面。

②确认报表页面内容完整无误后，点击“保存”按钮，对测定报表数据进行存档。

③需要导出报表时，在数据接口连接航空插头 –USB 转接线，插入 U 盘，点击“报表导出”按钮，确认 U 盘插入无误后，点击弹出窗口的“确定”按钮进行报表导出，报表名称为“瓦斯含量测定报表 .TXT”，拷贝到计算机采用格式转换软件转换成 Excel 文件。

7）历史记录

①瓦斯含量测定报表保存后，返回主控页面，点击“历史记录”按钮，进入瓦斯含量测定历史记录页面，可查看存档数据。

②点击“设置”按钮，可设置时间范围以检索所需的瓦斯含量测定记录。

③点击“记录导出”按钮，可导出测定历史数据，导出报表名称为“瓦斯含量测定历史

记录.CSV”，可用 Excel 软件打开。

8）操作注意事项

①进入解吸界面后，开始采样前，必须点击“复位”按钮进行复位，清除上一轮解吸数据。

②“采样前煤样罐质量”和“采样后煤样罐质量”必须填写。

③煤样暴露时间尽量不超过 5 min，煤样颗粒粒度尽量为 1～10 mm。

④煤样装罐及解吸过程，煤样罐阀门必须一直保持打开状态，若采用针头插入式煤样罐，针头必须先插入罐盖内，再拧紧煤样罐。

⑤解吸过程中，煤样罐必须保持静置状态，严禁摇晃或移动煤样罐。

⑥煤样解吸时间必须大于 30 min。

⑦在不同地质单元测定瓦斯含量，必须更新吸附常数及煤的水分、灰分、孔隙率、容重等参数。

⑧测定完毕后，测定报表页面必须点击“保存”按钮进行存档，否则历史记录里查询不到本次测定数据。

⑨导出报表时，必须先插入 U 盘，再进行报表导出操作。

五、实训过程

（1）实训前，由指导教师进行煤层瓦斯含量测定过程的讲解及演示操作。

（2）备齐煤样罐、瓦斯解吸速度测定仪、煤样粉碎装置、空盒气压计等仪器设备，并检查其是否完好、可靠。

（3）按照煤层瓦斯含量测定步骤测出相关数据并记录。

（4）计算煤层瓦斯含量。

（5）由指导教师点评测定过程及计算结果。

六、注意事项

（1）实训过程中，学生必须遵守操作规程，按照规定顺序进行操作。

（2）不得野蛮操作，不得损坏仪器设备。

（3）做好安全防护，实训过程中，谨防自身伤害及相互伤害事故。

（4）实训完成后，对所有仪器设备进行清洁，并按要求存放。

七、总结与思考

（1）采集煤样时，一定要按照规定的深度、时间采集，否则测定不出真实的瓦斯含量。

（2）煤样装入煤样罐后，应先将穿刺针头插入垫圈，再拧紧罐盖，以便密封时及时排出罐内气体，防止空气被压缩而影响测定结果。

（3）为了提高煤层瓦斯含量的测定精度，应尽量减少煤样的暴露时间，并选取粒度较大的煤样，以减少瓦斯损失量在煤样总瓦斯量中的比重。

技能实训三　煤层瓦斯压力的测定

一、实训目标

掌握井下煤层瓦斯压力的直接测定方法和步骤，培养动手操作能力和数据分析能力。

二、任务描述

煤层瓦斯压力是衡量煤层瓦斯多少的重要参数，是煤层瓦斯含量间接测定、突出危险性鉴定、煤与瓦斯突出危险性区域预测、石门揭煤工作面区域防突效果检验、地面瓦斯资源开发评价等不可或缺的指标。因此，煤层瓦斯压力测定是保障矿井稳定、安全、可靠生产的基础性工作之一。

三、任务准备

（1）备齐并检查所需的压力表、空盒气压计、测压管、封孔装置等仪器设备。

（2）学习测定煤层瓦斯压力的步骤，包括选择测定地点、施工测压钻孔、封孔、测压与数据处理等。

四、知识要点

煤矿井下煤层瓦斯压力的直接测定是指在煤矿井下通过测定钻孔及相应测定方法直接测量煤层瓦斯压力的过程。

1. 测定方法分类

（1）按测压方式分类

按测压时是否向测压钻孔内注入补偿气体，测定方法可分为主动测压法和被动测压法。

1）主动测压法

在钻孔预设测定装置和仪表并完成密封后，通过预设装置向钻孔揭露煤层处或测压气室充入一定压力的气体，从而缩短瓦斯压力平衡所需时间，进而缩短测压时间的一种测压方法。补偿气体用于补偿钻孔密封前通过钻孔释放的瓦斯，可选用氮气、二氧化碳或其他惰性气体。

2）被动测压法

测压钻孔被密封后，利用被测煤层瓦斯向钻孔揭露煤层处或测压气室的自然渗透作用，达到瓦斯压力平衡，进而测定煤层瓦斯压力的方法。

（2）按封孔方法及材料分类

按测压钻孔封孔材料的不同，测压可分为胶囊（胶圈）– 密封黏液封孔测压法和注浆封孔测压法。

1）胶囊（胶圈）－密封黏液封孔测压法

采用胶囊（胶圈）、密封黏液对测压钻孔进行封孔的测压方法称为胶囊（胶圈）－密封黏液封孔测压法。

2）注浆封孔测压法

封孔材料为水泥、膨胀剂加水搅拌成的混合浆液，通过注浆泵注入测压钻孔进行封孔的测压方法称为注浆封孔测压法。

2. 测定地点的选择

（1）测定地点应优先选择在石门或岩巷中，选择岩性致密的地点，且无断层、裂隙等地质构造处布置测点，其瓦斯赋存状况要具有代表性。

（2）测压钻孔应避开含水层、溶洞，并保证测压钻孔与其距离不小于 50 m。

（3）对于测定煤层原始瓦斯压力的测压钻孔应避开采动、瓦斯抽采及其他人为卸压影响范围，并保证测压钻孔与其距离不小于 50 m。

（4）对于需要测定煤层残存瓦斯压力的测压钻孔则根据测压目的的要求进行测压地点选择。

（5）选择测压地点应保证测压钻孔有足够的封孔深度（穿层测压钻孔的见煤点或顺层测压钻孔的测压气室应位于巷道的卸压圈之外），采用注浆封孔的上向测压钻孔倾角应不小于 5°。

（6）同一地点应设置两个测压钻孔，其终孔见煤点或测压气室应在相互影响范围外，其距离应不小于 20 m（石门测压除外）。

（7）瓦斯压力测定地点宜选择在进风系统，行人少且便于安设保护栅栏的地方。

3. 测定钻孔施工

钻孔直径宜为 65～95 mm。钻孔长度应保证测压所需的封孔深度。钻孔的开孔位置应选在岩石（煤壁）完整的地点。钻孔施工应保证钻孔平直、孔形完整，穿层测压钻孔除特厚煤层外应穿透煤层全厚，对于特厚煤层测压钻孔应进入煤层 1.5～3 m。钻孔施工完成后，应立即用压风或清水清洗钻孔，清除钻屑，保证钻孔畅通。

4. 测定钻孔封孔

测压钻孔施工完后应在 24 h 内完成钻孔的封孔工作，在完成封孔工作 24 h 后进行测定工作。

（1）准备工作

按选用的封孔方法准备好封孔材料、仪表、工具等。检查测压管是否通畅及其与压力表连接的气密性。钻孔为下向孔时应将钻孔内积水排出。

（2）封孔深度

封孔深度应超过测压钻孔施工地点巷道的影响范围，并满足以下要求。

1）采用胶囊（胶圈）－密封黏液封孔测定法测定本煤层瓦斯压力时，封孔深度应不小于 10 m。

2）注浆封孔测压法的测压钻孔封孔深度应满足式（1－16）：

$$L_{封} \geqslant L_1 + Dctg|\theta| \quad (1-16)$$

式中，$L_{封}$——钻孔封孔深度，m；

L_1——钻孔所需最小封孔深度（有效封孔段长度），m；L_1 应保证穿层测压钻孔的见煤点、顺煤层测压钻孔的测压气室位于巷道的卸压圈之外，且 L_1 不小于 12 m；穿层测压钻孔的 L_1 不应进入被测煤层，顺煤层测压钻孔封孔后应保证其测压气室长度不小于 1.5 m；

D——钻孔的直径，m；

θ——钻孔的倾角，（°）；$5° \leqslant |\theta| \leqslant 90°$。

3）应尽可能加长测压钻孔的封孔深度。

5. 压力测定

（1）气体补偿

采用主动测压时，只在第一次测定时向测压钻孔充入补偿气体，补偿气体的充气压力宜为预计的煤层瓦斯压力的 0.5 倍。

采用被动测压法时，不进行气体补偿。

（2）观测

采用主动测压法时应每天观测一次测定压力表，采用被动测压法应至少每 3 天观测一次测定压力表。

采用主动测压法，当煤层瓦斯压力低于 4 MPa 时，观测时间需 5～10 天；当煤层瓦斯压力高于 4 MPa 时，则需 10～20 天。采用被动测压法，则视煤层瓦斯压力及透气性大小的不同，观测时间一般需 20～30 天甚至更长。当压力变化在 3 天内小于 0.015 MPa 时，测压工作即可结束。

（3）数据处理

在结束测压工作、撤卸表头时，应测量从钻孔中放出的水量，如果钻孔与含水层、溶洞导通，则此测压钻孔作废并按有关规定进行封堵。如果测压钻孔没有与含水层、溶洞导通，则需对钻孔水对测定结果的影响进行修正，修正方法可根据测量从钻孔中放出的水量、钻孔参数、封孔参数等进行。具体修正方法如下：

1）水平及下向测压钻孔不修正：

$$P' = P_1 \quad (1-17)$$

式中，P'——修正后的测定压力表读数值，Mpa；

P_1——测定压力表读数值，Mpa。

2）对于上向钻孔，如果无水按式（1－17）进行，否则修正方法如下。

①当 $V > V_1$，并且 $V - V_1 < V_2$ 时：

$$P' = P_1 - 0.01 l \sin\theta - 0.01 \frac{4(V - V_1)}{\pi D^2} \sin\theta \quad (1-18)$$

式中，V——测压钻孔内流出的水量，m^3；

V_1——测压管管内空间的体积，m^3；

V_2——钻孔预留气室的体积，m^3；

π——圆周率，一般取 3.14；

l——测压管的长度，m。

②当 $V>V_1$，并且 $V-V_1 \geqslant V_2$ 时：

$$P' = P_1 - 0.01L\sin\theta \quad (1\text{–}19)$$

式中，L——测压钻孔的长度，m。

③当 $0<V \leqslant V_1$ 时：

$$P' = P_1 - 0.01\frac{4V}{\pi d^2}\sin\theta \quad (1\text{–}20)$$

式中，d——测压管的直径，m。

3）测定结果按式（1–21）确定：

$$P = P' + P_0 \quad (1\text{–}21)$$

式中，P——测定的煤层瓦斯压力值，MPa；

P_0——测定地点的大气压力值，MPa；大气压力的测定应采用空盒气压计进行测定。

同一测压地点以最高瓦斯压力测定值作为测定结果。

五、实训过程

（1）实训前，由指导教师讲解煤层瓦斯压力测定过程并演示操作。

（2）备齐压力表、空盒气压计、测压管、封孔装置及封孔材料等仪器设备，并检查其是否完好、可靠。

（3）按照煤层瓦斯压力测定步骤测出相关数据并记录在附表 3 中。

（4）计算煤层瓦斯压力。

（5）由指导教师点评测定过程及计算结果。

六、注意事项

（1）实训过程中，学生必须遵守操作规程，按照规定顺序进行操作。

（2）不得野蛮操作，不得损坏仪器设备。

（3）做好安全防护，实训过程中，谨防自身伤害及相互伤害事故。

（4）实训完成后，对所有仪器设备进行清洁，并按要求存放。

七、总结与思考

（1）测压地点岩石坚硬、裂隙小时，可选用注浆封孔测压法。

（2）在松软岩层及煤巷中测定煤层的瓦斯压力时，钻孔长度不大于15 m的可采用胶囊（胶圈）－密封黏液封孔测压法；钻孔长度大于15 m的应采用注浆封孔测压法。

（3）竖井揭煤可采用注浆封孔测压法；煤层群分层测压应采用注浆封孔测压法。

（4）测压时间充足时，宜采用被动测压法；测压时间要求较短时，应采用主动测压法。

思考练习题

1. 简述甲烷的主要性质。
2. 瓦斯气体成分中，有毒性的气体有哪些？有爆炸性的气体有哪些？
3. 生产时期煤层瓦斯风化带是如何确定的？
4. 什么是煤的孔隙性？煤的孔隙性是如何表示的？
5. 煤吸附瓦斯量的影响因素有哪些？
6. 什么是煤层透气性？煤层透气性是如何表示的？
7. 瓦斯在煤层中的存在状态有哪些？相互之间有何关系？
8. 影响煤层瓦斯含量的因素有哪些？
9. 什么是煤层瓦斯原始压力？什么是煤层瓦斯残存压力？
10. 矿井瓦斯地质图有哪些类型？矿井瓦斯地质图的编制对瓦斯内容有哪些要求？

第二章

矿井瓦斯涌出

本章学习目标

1. 了解矿井瓦斯涌出的形式、来源；
2. 掌握矿井瓦斯涌出量的影响因素；
3. 掌握矿井瓦斯等级的划分及矿井瓦斯涌出量的计算方法；
4. 熟悉矿井瓦斯涌出不均衡系数；
5. 熟悉矿井瓦斯涌出量的预测方法；
6. 了解矿井瓦斯等级鉴定的方法、步骤。

学习引导

矿井瓦斯的涌出形式和规律是预测矿井瓦斯涌出量必备的基础知识。掌握矿井瓦斯涌出量的测定方法是矿井瓦斯管理工作的必备要求。在煤矿建设和生产过程中，只有熟知矿井瓦斯涌出规律，掌握矿井瓦斯涌出源和预测瓦斯涌出技术，才能有效地控制和治理矿井瓦斯事故。

第一节　矿井瓦斯涌出概述

一、矿井瓦斯涌出形式

煤层被开采时，煤体受到破坏或采动影响，储存在煤体内的部分瓦斯就会离开煤体而涌入采掘空间，这种现象称为瓦斯涌出。

矿井瓦斯涌出的形式可分普通涌出和特殊涌出两种。

1. 普通涌出

普通涌出是指瓦斯从采落的煤及煤层、岩层的暴露面上，通过细小的孔隙缓慢而长时间地释放。首先是游离瓦斯，而后是部分解吸的吸附瓦斯。普通涌出是矿井瓦斯涌出的主要形式，其特点是涌出范围广，持续时间长，数量相对稳定。

2. 特殊涌出

特殊涌出是指在很短的时间内自采掘工作面的局部地区，突然涌出大量的瓦斯或伴随瓦斯突然涌出有大量的煤和岩石被抛出。特殊涌出包括瓦斯喷出和煤与瓦斯突出。

瓦斯特殊涌出的范围是局部的，持续时间一般也比较短，但瓦斯涌出的量可能很大，而且由于其发生的突然性，往往危害极大。

二、矿井瓦斯涌出量的表示方法

矿井瓦斯涌出量是衡量矿井瓦斯涌出状况的指标，包括矿井绝对瓦斯涌出量和相对瓦斯涌出量。

1. 矿井绝对瓦斯涌出量

矿井绝对瓦斯涌出量是指矿井在单位时间内涌出的瓦斯量，单位 m^3/min 或 m^3/d。绝对瓦斯涌出量的计算见式（2－1）：

$$Q_{CH_4} = Q_f \times C \tag{2-1}$$

式中，Q_{CH_4}——绝对瓦斯涌出量，m^3/min；

Q_f——瓦斯涌出地区的风量，m^3/min；

C——风流中的瓦斯体积分数，%。

2. 矿井相对瓦斯涌出量

矿井相对瓦斯涌出量是指矿井在正常生产条件下，平均月产 1 t 煤涌出的瓦斯量，单位 m^3/t。相对瓦斯涌出量的计算见式（2－2）：

$$q_{CH_4} = \frac{1\,440 Q_{CH_4} n}{T} \tag{2-2}$$

式中，q_{CH_4}——相对瓦斯涌出量，m^3/t；

Q_{CH_4}——绝对瓦斯涌出量，m^3/min；

T——月产煤量，t；

n——月工作天数，d。

第二节　矿井瓦斯涌出特性

一、矿井瓦斯涌出量的影响因素

矿井瓦斯涌出量的大小，受自然因素和开采技术因素的综合影响。

1. 自然因素

（1）开采煤层和邻近煤（岩）层的瓦斯含量

一般情况下，开采煤层的瓦斯含量是影响矿井瓦斯涌出量的最主要的因素，开采煤层的瓦斯含量越大，矿井瓦斯涌出量也越大。当开采煤层附近有含瓦斯的煤层或岩层时，其中的瓦斯就会通过采动裂隙涌入采掘空间，使矿井瓦斯涌出量增加。

（2）地面大气压的变化

地面大气压变化会引起井下大气压的相应变化，这种变化对采空区（包括采煤工作面后部采空区和封闭不严的老空区）或冒顶处瓦斯涌出的影响比较显著。当地面大气压突然下降时，瓦斯积存区的气体压力将高于风流的压力，瓦斯就会更多地涌入风流中，使矿井的瓦斯涌出量增大；反之，矿井的瓦斯涌出量将减少。

（3）地质构造

当采掘工作面接近地质破坏带时，瓦斯涌出量往往会大量增加。这时，必须加强瓦斯事故的预防工作，特别是要加强瓦斯检查。《煤矿安全规程》规定，岩巷掘进遇到煤线或者接近地质破坏带时，必须有专职瓦斯检查工经常检查瓦斯，发现瓦斯大量增加或者其他异常时，必须停止掘进，撤出人员，进行处理。

2. 开采技术因素

（1）开采规模

开采规模是衡量开采深度、开拓与开采范围和矿井产量的综合指标。一般情况下，随着开采深度的增加，煤层瓦斯含量增加，瓦斯涌出量也增大。开拓与开采的范围越广，煤岩的暴露面就越大，矿井绝对瓦斯涌出量也就越大，而矿井相对瓦斯涌出量变化不大。

矿井产量与矿井瓦斯涌出量之间的关系比较复杂，其一般规律是：

①在矿井开拓和生产初期，绝对瓦斯涌出量随着开拓范围的扩大而增加，此时期矿井产量较少，绝对瓦斯涌出量不大，但相对瓦斯涌出量可能因产量较少而偏大，没有参考意义。

②矿井进入采煤生产阶段后，绝对瓦斯涌出量大致与矿井产量成正比。当矿井的产量达到一定水平并趋于稳定时，其绝对瓦斯涌出量也基本稳定。对于相对瓦斯涌出量来说，如果矿井涌出的瓦斯主要来源于采落的煤，矿井产量变化时，对绝对瓦斯涌出量的影响虽然比较明显，但对相对瓦斯涌出量的影响却不大。

③当矿井开采工作进入收缩阶段时，绝对瓦斯涌出量又随矿井产量的减少而减少。由于

巷道和采空区瓦斯涌出量不受产量减少的影响，因此绝对瓦斯涌出量会最终稳定在某一数值。这时相对瓦斯涌出量数值又会因产量低而偏大，再次失去参考意义。

（2）开采顺序和回采方法

分层开采近距离煤层或厚煤层时，首先开采的煤层或分层瓦斯涌出量较大。这是因为除开采层（或本分层）的瓦斯涌出外，邻近的煤层（或未采的其他分层）的瓦斯，也会通过回采产生的裂隙与孔洞渗透出来，使瓦斯涌出量增大。

采用回采率低的采煤方法时，瓦斯涌出量较大。采用全部垮落法管理顶板比采用充填法管理顶板能造成更大范围的破坏，瓦斯涌出量也比较大。采煤工作面周期来压时，瓦斯涌出量可能大量增加。

（3）工序

同一个工作面，一般在落煤时瓦斯涌出量最高，进行其他工序时的瓦斯涌出量相对较小。

（4）通风压力

矿井通风压力变化会使井下的空气压力发生变化，从而使井下漏风风路两侧的压力差发生变化，进而影响矿井瓦斯的涌出量。矿井采用抽出式通风时，矿井瓦斯涌出量会随着通风压力的增大而增大。

（5）采空区的管理状况

采空区内往往积存着大量高浓度的瓦斯，如果管理不善，密闭墙质量不好，或进、回风侧的通风压差较大，就会造成采空区大量漏风，使瓦斯涌出量增大。因此，对采空区的管理必须制度化，及时封闭，经常检查，发现问题及时处理。

综上所述，影响矿井瓦斯涌出量的因素是多方面的，由于各矿井的自然条件和开采技术条件存在差异，因此同一种因素对不同矿井的影响程度是不同的。每一矿井都应对各种影响矿井瓦斯涌出量的因素进行调查分析，确定其影响程度，为矿井瓦斯防治工作提供依据。

二、矿井瓦斯等级的划分

《煤矿安全规程》规定，一个矿井中只要有一个煤（岩）层发现瓦斯，该矿井即为瓦斯矿井。瓦斯矿井必须依照矿井瓦斯等级进行管理。

矿井瓦斯等级应当依据实际测定的瓦斯涌出量、瓦斯涌出形式以及实际发生的瓦斯动力现象、实测的突出危险性参数等确定。

矿井瓦斯等级划分为：低瓦斯矿井、高瓦斯矿井、煤（岩）与瓦斯（二氧化碳）突出矿井[①]（以下简称“突出矿井”）。

在矿井的开拓、生产范围内有突出煤（岩）层的矿井为突出矿井。有下列情形之一的煤（岩）层为突出煤（岩）层：

①发生过煤（岩）与瓦斯（二氧化碳）突出的。

②经鉴定或者认定具有煤（岩）与瓦斯（二氧化碳）突出危险的。

---

① 本书中煤与瓦斯突出和煤（岩）与瓦斯（二氧化碳）突出含义相同，不作区分。

非突出矿井具备下列情形之一的为高瓦斯矿井，否则为低瓦斯矿井：

①矿井相对瓦斯涌出量大于 10 m^3/t。

②矿井绝对瓦斯涌出量大于 40 m^3/min。

③矿井任一掘进工作面绝对瓦斯涌出量大于 3 m^3/min。

④矿井任一采煤工作面绝对瓦斯涌出量大于 5 m^3/min。

三、矿井瓦斯涌出来源的分析

矿井瓦斯一般来源于掘进区、采煤区和采空区三部分。

1. 掘进区瓦斯

掘进区瓦斯是基建矿井中瓦斯的主要来源。在生产矿井中，掘进区瓦斯占全矿井瓦斯涌出量的比例，主要取决于准备巷道的多少、煤层或围岩瓦斯含量的大小和掘进区是否在瓦斯聚集带。当矿井采用准备巷道多的采煤方法、煤层或围岩瓦斯含量高、瓦斯释放较快，或处于瓦斯聚集带时，掘进区瓦斯所占比例就大。

2. 采煤区瓦斯

采煤区瓦斯是正常生产矿井瓦斯的主要来源之一。其中，一部分采煤区瓦斯来自开采层本身，据统计，这部分涌出量因落煤工艺的不同而有较大的变化；另一部分来自围岩和邻近煤层。在多数情况下，开采单一煤层时，涌出的瓦斯主要来源于煤层本身，但开采煤层群时，邻近煤层涌出的瓦斯往往也占有很大的比例，其瓦斯涌出量主要取决于邻近煤层的瓦斯含量、距开采层的距离、顶板管理方法和工作面推进速度等。

3. 采空区瓦斯

采空区瓦斯包括早已采过的老空区的瓦斯。采空区岩石的冒落会导致大量瓦斯从顶板、底板围岩和邻近煤层中涌出；丢弃在采空区的煤柱、煤壁、浮煤也会不断释放出瓦斯。采空区瓦斯涌出的多少，主要取决于煤层赋存条件、顶板管理方法、采空区面积的大小和管理状况。开采煤层群时，若煤层顶板、底板围岩和邻近煤层含有大量瓦斯，则采空区瓦斯涌出量较大；用充填法管理顶板时瓦斯涌出比用垮落法少；其他条件相同时，采空区面积越大，采空区瓦斯涌出所占比例也就越大。因此，提高密闭质量、及时封闭采空区和合理调整通风系统，能大大降低采空区瓦斯的涌出，对矿井生产后期的瓦斯管理有重要的意义。

四、瓦斯涌出不均衡系数

在正常生产过程中，矿井绝对瓦斯涌出量受各种因素的影响，其数值是经常变化的，但在一段时间内只在一个平均值上下波动，其峰值与平均值的比值称为瓦斯涌出不均衡系数。在确定矿井总风量，选取风量备用系数时，要考虑矿井瓦斯涌出不均衡系数。

矿井瓦斯涌出不均衡系数表示为：

$$k_g = \frac{Q_{max}}{Q_a} \tag{2-3}$$

式中，k_g——给定时间内瓦斯涌出不均衡系数；

Q_{max}——给定时间内的最大绝对瓦斯涌出量，m^3/min；

Q_a——给定时间内的平均绝对瓦斯涌出量，m^3/min。

确定瓦斯涌出不均衡系数的方法是：根据需要，在待确定地区（工作面、采区、翼或全矿）的进、回风流中连续测定一段时间（一个生产循环、一个工作班、一天、一月或一年）的风量和瓦斯浓度，将测定结果中的最大瓦斯涌出量和各次测定的瓦斯涌出量的算术平均值代入式（2-3），即可得到该地区在该时间间隔内的瓦斯涌出不均衡系数。

通常来讲，工作面的瓦斯涌出不均衡系数总是大于采区的瓦斯涌出不均衡系数，采区的大于一翼的，一翼的大于全矿的。进行风量计算时，应根据具体的情况选用合适的瓦斯涌出不均衡系数。

技能实训四　矿井瓦斯涌出量的预测

一、实训目标

学会使用分源预测法预测瓦斯涌出量的方法和步骤，培养资料收集、资料整理和数据分析能力。

二、任务描述

矿井瓦斯涌出量的预测能为矿井、采区和工作面通风提供瓦斯涌出方面的基础数据，为矿井通风设计、瓦斯抽采和瓦斯管理提供技术参数。在煤矿建设和生产过程中，只有熟知瓦斯涌出规律，掌握矿井瓦斯涌出源和预测瓦斯涌出技术，才可以有效地控制和治理瓦斯。

三、任务准备

（1）学习分源预测法预测矿井瓦斯涌出量的原理和步骤。

（2）收集并整理矿井瓦斯涌出量预测所需的矿井采掘设计说明书、矿井地质报告、煤层瓦斯含量测定结果、风化带深度及瓦斯含量等值线图等资料。

四、知识要点

矿井瓦斯涌出量预测方法可概括为两类：分源预测法和矿山统计法。分源预测法是指根据时间和地点的不同，分成数个向矿井涌出的瓦斯源，在分别对这些瓦斯涌出源进行预测的基础上得出矿井瓦斯涌出量的方法。矿山统计法是指根据对该矿井或邻近矿井实际瓦斯涌出资料的统计分析得出的矿井瓦斯涌出量随开采深度变化的规律，预测新井或新水平瓦斯涌出量的方法。这里仅对分源预测法进行介绍。

矿井瓦斯涌出构成关系如图 2-1 所示。

（1）开采层（包括围岩）瓦斯涌出量

①薄及中厚煤层不分层开采时，开采层（包括围岩）瓦斯涌出量按式（2-4）计算。

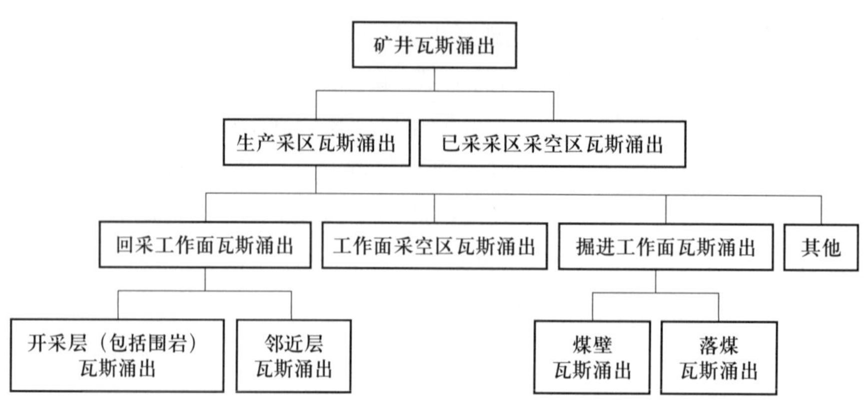

图 2–1　矿井瓦斯涌出构成关系图

$$q_1 = K_1 \cdot K_2 \cdot K_3 \cdot \frac{m}{M} \cdot (W_0 - W_c) \tag{2–4}$$

式中，q_1——开采层（包括围岩）相对瓦斯涌出量，m^3/t；

K_1——围岩瓦斯涌出系数；其值选取范围为 1.1～1.3；全部垮落法管理顶板，取 1.3；局部充填法管理顶板，取 1.2；全部充填法管理顶板，取 1.1；砂质泥岩等致密性围岩，取值可偏小；

K_2——工作面丢煤瓦斯涌出系数，用采煤工作面回采率的倒数来计算；

K_3——采区内准备巷道预排瓦斯对开采层瓦斯涌出影响系数；

m——开采层厚度，m；

M——工作面采高，m；

W_0——煤层原始瓦斯量，m^3/t；

W_c——煤的残存瓦斯量，m^3/t，需实测；如无实测值可参照表 2–1 选取。

表 2–1　　煤的残存瓦斯量

挥发分 /%	6～8	8～12	12～18	18～26	26～35	35～42	42～56
煤的残存瓦斯含量 /$m^3 \cdot t^{-1}$	9～6	6～4	4～3	3～2	2	2	2

注：挥发分是指在隔绝空气的条件下，煤在高温加热一定时间后，煤中的有机物分解并释放出的气体或液体产物，通常以质量分数表示。

采用长壁后退式回采时，K_3 按式（2–5）计算：

$$K_3 = \frac{L - 2h}{L} \tag{2–5}$$

采用长壁前进式回采时，如上部相邻工作面已采，则 K_3=1；上部相邻工作面未采，K_3 按式（2–6）计算：

$$K_3 = \frac{L + 2h + 2b}{L + 2b} \tag{2–6}$$

式中，L——工作面长度，m；

h——掘进巷道预排瓦斯等值宽度，m；如无实测值可按表 2-2 取值；

b——巷道宽度，m。

表 2-2　巷道预排瓦斯等值宽度

巷道煤壁暴露时间 T/d	不同煤种巷道预排瓦斯等值宽度 h/m		
	无烟煤	瘦煤或焦煤	肥煤、气煤及长焰煤
25	6.5	9.0	11.5
50	7.4	10.5	13.0
100	9.0	12.4	16.0
150	10.5	14.2	18.0
200	11.0	15.4	19.7
250	12.0	16.9	21.5
300	13.0	18.0	23.0

②厚煤层分层开采时，开采层瓦斯涌出量按式（2-7）计算：

$$q_1 = K_1 \cdot K_2 \cdot K_3 \cdot K_f \cdot (W_0 - W_c) \tag{2-7}$$

式中，K_f——取决于煤层分层数量和顺序的分层瓦斯涌出系数，如无实测值可参照表 2-3 选取。

表 2-3　分层开采 K_f 值

两个分层开采		三个分层开采			四个分层开采			
K_{f1}	K_{f2}	K_{f1}	K_{f2}	K_{f3}	K_{f1}	K_{f2}	K_{f3}	K_{f4}
1.504	0.496	1.820	0.692	0.488	1.80	1.03	0.70	0.47

（2）邻近层瓦斯涌出量

邻近层瓦斯涌出量按式（2-8）计算：

$$q_2 = \sum_{i=1}^{n} (W_{0i} - W_{ci}) \cdot \frac{m_i}{M} \cdot \eta_i \tag{2-8}$$

式中，q_2——邻近层相对瓦斯涌出量，m^3/t；

m_i——第 i 个邻近层煤层厚度，m；

M——工作面采高，m；

η_i——第 i 个邻近层瓦斯排放率，%；

W_{0i}——第 i 个邻近层原始瓦斯量，m^3/t；

W_{ci}——第 i 个邻近层残存瓦斯量，m^3/t。

（3）回采工作面瓦斯涌出量

回采工作面瓦斯涌出量预测用相对瓦斯涌出量表示，以 24 h 为一个预测圆班，按式（2-9）计算：

$$q_{采}=q_1+q_2 \tag{2-9}$$

式中，$q_{采}$——回采工作面相对瓦斯涌出量，m^3/t；

q_1——开采层相对瓦斯涌出量，m^3/t；

q_2——邻近层相对瓦斯涌出量，m^3/t。

（4）掘进巷道煤壁瓦斯涌出量

掘进巷道煤壁绝对瓦斯涌出量按式（2－10）计算：

$$Q_3=D\cdot v\cdot q_0\cdot\left(2\sqrt{\frac{L}{v}}-1\right) \tag{2-10}$$

式中，Q_3——掘进巷道煤壁绝对瓦斯涌出量，m^3/min；

D——巷道断面内暴露煤壁面的周边长度，m；

v——巷道平均掘进速度，m/min；

q_0——煤壁瓦斯涌出初速度，$m^3/(m^2\cdot min)$；

L——巷道长度，m。

（5）掘进落煤的瓦斯涌出量

掘进巷道落煤的绝对瓦斯涌出量按式（2－11）计算：

$$Q_4=S\cdot v\cdot\rho\cdot(W_0-W_c) \tag{2-11}$$

式中，Q_4——掘进巷道落煤的绝对瓦斯涌出量，m^3/min；

S——掘进巷道断面积，m^2；

v——巷道平均掘进速度，m/min；

ρ——煤的密度，t/m^3；

W_0——煤层原始瓦斯量，m^3/t；

W_c——煤的残存瓦斯量，m^3/t。

（6）掘进工作面瓦斯涌出量

掘进工作面瓦斯涌出量预测用绝对瓦斯涌出量表示，按式（2－12）计算：

$$Q_{掘}=Q_3+Q_4 \tag{2-12}$$

式中，$Q_{掘}$——掘进工作面绝对瓦斯涌出量，m^3/min；

Q_3——掘进巷道煤壁绝对瓦斯涌出量，m^3/min；

Q_4——掘进巷道落煤绝对瓦斯涌出量，m^3/min。

（7）生产采区瓦斯涌出量

生产采区瓦斯涌出量按式（2－13）计算：

$$q_{区}=\frac{K'\left(\sum_{i=1}^{n}q_{采i}A_i+1\,440\sum_{i=1}^{n}Q_{掘i}\right)}{A_0} \tag{2-13}$$

式中，$q_{区}$——生产采区相对瓦斯涌出量，m^3/t；

K'——生产采区内采空区瓦斯涌出系数；单一煤层，$K'=1.20\sim1.35$；近距离煤层群，$K'=1.25\sim1.45$；

$q_{采i}$——第 i 个回采工作面相对瓦斯涌出量，m^3/t；

A_i——第 i 个回采工作面的日产量，t；

$Q_{掘i}$——第 i 个掘进工作面绝对瓦斯涌出量，m^3/min；

A_0——生产采区平均日产量，t。

（8）矿井瓦斯涌出量

矿井瓦斯涌出量按式（2-14）计算：

$$q_{井}=\frac{K''\left(\sum_{i=1}^{n}q_{区i}A_{0i}\right)}{\sum_{i=1}^{n}A_{0i}} \tag{2-14}$$

式中，$q_{井}$——矿井相对瓦斯涌出量，m^3/min；

$q_{区i}$——第 i 个生产采区相对瓦斯涌出量，m^3/min；

A_{0i}——第 i 个生产采区平均日产量，t；

K''——已采采空区瓦斯涌出系数；单一煤层，$K''=1.15\sim1.25$；近距离煤层群，$K''=1.25\sim1.45$。

五、实训过程

（1）实训前，由指导教师讲解分源预测法预测矿井瓦斯涌出量的原理和步骤。

（2）由指导教师设定预测矿井瓦斯涌出量所需的资料和数据。

（3）学生根据指导教师设定的数据按步骤进行计算，预测出矿井瓦斯涌出量。

（4）由指导教师点评计算过程及计算结果。

六、注意事项

考虑各区域瓦斯涌出的不均衡性，利用分源预测法预测的各区域的瓦斯涌出量需乘以瓦斯涌出不均衡系数。

七、总结与思考

先分别计算开采层、邻近层、掘进面煤壁与落煤的瓦斯涌出量，然后计算出回采工作面和掘进工作面瓦斯涌出量，再加上工作面采空区瓦斯涌出量，即可得出生产采区瓦斯涌出量。生产采区瓦斯涌出量与已采采区内的采空区瓦斯涌出量相加，即可最终得出预测的矿井瓦斯涌出量。

技能实训五　矿井瓦斯等级鉴定

一、实训目标

学会高瓦斯矿井等级鉴定所需的仪器操作方法、指标测定方法等，培养动手操作能力和数据分析能力。

二、任务描述

为了便于对瓦斯矿井进行分级管理，按照瓦斯涌出形式和涌出量的大小将矿井分成不同的瓦斯等级，进而根据矿井瓦斯等级的不同供给所需的风量，选用相应的机电设备，采用相应的瓦斯管理制度。这样既可以确保矿井安全生产，又可以避免浪费。因此，矿井瓦斯等级鉴定对于矿井设计和日常通风管理都有十分重要的意义。

三、任务准备

（1）备齐并检查高瓦斯矿井等级鉴定所需的风速测定仪、光学瓦斯检测仪、计时器、巷道尺寸测量仪等仪器设备。

（2）学习高瓦斯矿井等级鉴定所需的仪器操作方法、指标测定方法，以及数据的整理与计算等。

四、知识要点

1. 矿井瓦斯等级的划分

矿井瓦斯等级根据瓦斯涌出形式、瓦斯涌出量划分为：

①低瓦斯矿井。

②高瓦斯矿井。

③突出矿井。

2. 突出矿井的鉴定

突出矿井的鉴定方法详见本教材第三章第二节。

3. 高瓦斯矿井等级鉴定

（1）鉴定指标

高瓦斯矿井等级鉴定的指标为矿井绝对瓦斯涌出量、矿井相对瓦斯涌出量、采掘工作面绝对瓦斯涌出量。

（2）指标测定方法

1）测定时间

应选择在矿井绝对瓦斯涌出量最大的月份，且满足矿井正常生产条件（或正常建设）时进行鉴定。

参数测定工作应在鉴定月的上、中、下旬各取1天（间隔不少于7天），每天分3个班（或4个班）、每班分3次进行。每一测定班的测定时间应选择在生产正常时刻，并尽可能在同一时间段进行测定。

2）测定地点及参数

测点应布置在测定区域［矿井、采（盘）区和工作面］的回风巷测风站内，如无测风站，则选取断面规整且无杂物堆积的一段平直巷道作为测点。若测定区域进风流中含有瓦斯（二氧化碳），还应在进风巷中布置测点。

测定参数主要包括巷道中的风量、瓦斯（指甲烷）和二氧化碳浓度，同时应统计鉴定月的瓦斯抽采量和月产煤量。

3）测定要求

鉴定开始前应编制鉴定工作方案，做好仪器准备、人员组织和分工并计划测定路线和测点布置等。

实测数据和非鉴定月正常生产条件时日常监测或检测数据、相关报表数据等出现较大差别时，应分析原因，必要时重新测定。

4）测定数据的整理与计算

每一测点的瓦斯、二氧化碳浓度及风量的基础数据，按照附表4-1格式填写（采用四班制的煤矿填写四班测定数据），进风流有瓦斯（二氧化碳）时应增加进风巷的测点数据。绝对瓦斯涌出量按式（2-15）计算：

$$Q_{\mathrm{j}} = Q_{\mathrm{p}} + Q_{\mathrm{c}} \qquad (2\text{-}15)$$

式中，Q_{j}——测定区域绝对瓦斯（二氧化碳）涌出总量，$\mathrm{m^3/min}$；

Q_{p}——测定区域日平均风排瓦斯（二氧化碳）量，$\mathrm{m^3/min}$；

Q_{c}——测定区域抽采瓦斯（二氧化碳）纯量（有地面井抽采的应包括地面井瓦斯抽采纯量），取鉴定月的平均值，$\mathrm{m^3/min}$。

其中，测定区域日平均风排瓦斯（二氧化碳）量 Q_{p} 按式（2-16）计算：

$$Q_{\mathrm{p}} = \frac{1}{n}\sum_{i=1}^{n} Q_{\mathrm{p}i} = \frac{1}{100\times n}\sum_{i=1}^{n}(Q_{\mathrm{h}i}\cdot C_{\mathrm{h}i} \quad Q_{\mathrm{j}i}\cdot C_{\mathrm{j}i}) \qquad (2\text{-}16)$$

式中，n——班制，采用三班制的 $n=3$，采用四班制的 $n=4$；

i——测定班序号，采用三班制的 $i=1$，2，3；采用四班制的 $i=1$，2，3，4；

$Q_{\mathrm{p}i}$——第 i 班的风排瓦斯（二氧化碳）量，$\mathrm{m^3/min}$；

$Q_{\mathrm{h}i}$——第 i 班回风巷风流中的风量，取当班测定3次的平均值，$\mathrm{m^3/min}$；

$C_{\mathrm{h}i}$——第 i 班回风巷风流中的瓦斯（二氧化碳）浓度，取当班测定3次的平均值，%；

$Q_{\mathrm{j}i}$——第 i 班进风巷风流中的风量，取当班测定3次的平均值，$\mathrm{m^3/min}$；

$C_{\mathrm{j}i}$——第 i 班进风巷风流中的瓦斯（二氧化碳）浓度，取当班测定3次的平均值，%。

整理完测定基础数据后，应汇总、整理出瓦斯和二氧化碳测定结果报告表，按照附表 4–2 格式，分矿井、采（盘）区和工作面填写。

以鉴定月 3 个测定日中最大日平均绝对瓦斯涌出量按照式（2–17）计算相对瓦斯涌出量：

$$q_x = \frac{1\,440 \cdot Q_{j,\max}}{D} \tag{2–17}$$

式中，q_x——相对瓦斯涌出量，m^3/t；

$Q_{j,\max}$——鉴定月 3 个测定日中最大日平均绝对瓦斯涌出量，m^3/min；

D——月平均日产煤量，t/d。

（3）判定规则

根据瓦斯和二氧化碳测定结果报告表（附表 4–2）中的矿井绝对瓦斯涌出量、矿井相对瓦斯涌出量和采掘工作面绝对瓦斯涌出量测算结果，按照本章第二节矿井瓦斯等级的划分方法，判定高、低瓦斯矿井等级。

（4）高瓦斯矿井等级鉴定报告内容

高瓦斯矿井等级鉴定报告应包括下列主要内容：

①煤矿基本概况。

②瓦斯和二氧化碳测定基础数据表。

③瓦斯和二氧化碳测定结果报告表。

④标注有测定地点的矿井通风系统示意图。

⑤煤矿瓦斯来源分析。

⑥最近 5 年内煤尘爆炸性鉴定、煤层自然发火倾向性鉴定、最短发火期情况以及煤层自然发火、瓦斯（煤尘）爆炸或燃烧等情况。

⑦瓦斯喷出及瓦斯动力现象情况。

⑧鉴定月份生产状况及鉴定结果简要分析或说明。

⑨鉴定单位、鉴定日期、鉴定人员、鉴定负责人、审核人和批准人、鉴定机构（单位）公章。

⑩煤矿瓦斯等级鉴定结果表。

五、实训过程

（1）实训前，由指导教师讲解高瓦斯矿井瓦斯等级鉴定指标、指标测定方法、数据整理与计算、判定规则。

（2）编制鉴定实施方案。

（3）备齐所需的风速测定仪、光学瓦斯检测仪、计时器、巷道尺寸测量仪等仪器设备。

（4）按照鉴定实施方案测出相关数据并记录。

（5）计算绝对瓦斯涌出量、相对瓦斯涌出量等数据，得出鉴定结果。

（6）由指导教师点评测定过程及鉴定结果。

六、注意事项

（1）实训过程中，学生必须遵守操作规程，按照规定顺序进行操作。

（2）不得野蛮操作，不得损坏仪器设备。

（3）做好安全防护，实训过程中，谨防自身伤害及相互伤害事故。

（4）实训完成后，对所有仪器设备进行清洁，并按要求存放。

七、总结与思考

鉴定时应当准确测定风量、瓦斯（甲烷）浓度、二氧化碳浓度及温度、气压等参数，统计井下瓦斯抽采量、月产煤量，全面收集煤层瓦斯压力、瓦斯含量、动力现象及预兆、瓦斯喷出、邻近矿井瓦斯等级等资料。实测数据与最近 6 个月以来矿井安全监控系统的监测数据、通风报表和产量报表数据相差超过 10% 的，应当分析原因，必要时应当重新测定。

思考练习题

1. 矿井瓦斯涌出形式有哪些？分别有何特点？
2. 影响矿井瓦斯涌出量的自然因素有哪些？分别有何影响？
3. 影响矿井瓦斯涌出量的开采技术因素有哪些？分别有何影响？
4. 什么是矿井绝对瓦斯涌出量？什么是矿井相对瓦斯涌出量？
5. 矿井瓦斯等级是如何划分的？
6. 在矿井不同生产阶段，矿井瓦斯来源分别具有什么特点？
7. 什么是瓦斯涌出不均衡系数？瓦斯涌出不均衡系数如何确定？
8. 矿井瓦斯等级鉴定的指标有哪些？

第三章

煤层瓦斯喷出和煤与瓦斯突出防治

本章学习目标

1. 了解煤层瓦斯喷出的机理、分类、规律；
2. 熟悉煤层瓦斯喷出的防治技术措施；
3. 了解煤与瓦斯突出的动力现象分类、特点、一般规律及突出的机理；
4. 熟悉煤与瓦斯突出“四位一体”防治措施的内容；
5. 掌握煤与瓦斯突出危险性预测的方法和步骤；
6. 掌握煤与瓦斯突出防治技术措施及其实施要求；
7. 掌握煤与瓦斯突出的安全防护措施。

学习引导

煤层瓦斯喷出和煤与瓦斯突出都属于特殊瓦斯涌出形式，能使工作面或巷道充满瓦斯，易造成人员窒息和瓦斯爆炸，此外，还会破坏通风系统，造成风流紊乱或短时逆转，突出的煤（岩）会堵塞巷道，破坏支架、设备和设施。因此，煤层瓦斯喷出和煤与瓦斯突出对煤矿安全生产危害极大。煤矿作业人员应熟悉煤层瓦斯喷出和煤与瓦斯突出的原因及规律，实施瓦斯喷出和煤与瓦斯突出防治的各类技术措施，做好井下煤层瓦斯喷出、煤与瓦斯突出的预测预报工作和防护措施。

第一节　煤层瓦斯喷出及其预防

一、煤层瓦斯喷出的分类及其特点

1. 煤层瓦斯喷出及其危害

煤层瓦斯喷出是瓦斯动力现象的一种表现形式。煤（岩）体裂隙、孔洞或钻孔内处于承压状态的大量瓦斯，以极快的速度喷射到采掘工作面和巷道空间，这种特殊涌出现象称为瓦斯喷出。

由于煤（岩）内瓦斯喷出具有时间上的突然性和空间上的集中性，对煤矿安全生产的威胁很大。煤（岩）内的瓦斯从某一特定地点突然喷出时，采掘工作面或巷道风流中的瓦斯突然增加，可以造成局部地区瓦斯积聚，甚至使采区或一翼充满高浓度瓦斯，导致作业人员窒息；高浓度瓦斯沿巷道流动过程中，一旦遇到高温热源，会引起瓦斯爆炸或火灾等事故，给矿井造成严重的破坏。

2. 煤层瓦斯喷出的分类及特点

根据瓦斯喷出裂隙的显现原因不同，瓦斯喷出可分为沿原始地质构造裂隙喷出和沿采掘地压形成的裂隙喷出两大类。

（1）瓦斯沿原始地质构造裂隙喷出

这类喷出大多发生在有天然的能储存瓦斯的地质构造破坏带附近，如断层、断裂、石灰岩溶洞裂隙区、背斜或向斜轴部等，当采掘工作面接近这些地点时，高压瓦斯就会突然大量释放而喷出。

这类瓦斯喷出的特点是：喷出瓦斯流量大，持续时间长；无明显的地压显现现象；瓦斯裂隙多属于开放型裂隙，即与储气层、溶洞或断层带相通。

（2）瓦斯沿采掘地压形成的裂隙喷出

这类喷出是由于受到采掘活动的影响，在地压和瓦斯压力共同作用下，围岩形成新的次生裂隙。邻近层或各种地质构造带的瓦斯转移到这些裂隙内，瓦斯量和瓦斯压力不断增加。若地压显现突然发生，高压瓦斯沿次生裂隙喷出。

这类瓦斯喷出的特点是：喷出临近发生时伴随着地压显现，出现多种显现预兆；喷出持续的时间较短，流量与卸压区面积、瓦斯压力和瓦斯含量等因素有关；地压显现时的卸压区裂隙由封闭型变为开放型，成为瓦斯喷出的通道。

可以认为，沿原始地质构造裂隙喷出的瓦斯危险性更大，其喷出瓦斯源是突然卸压煤层所含的高压瓦斯。

二、煤层瓦斯喷出的一般规律

（1）瓦斯喷出与地质变化有关，一般瓦斯喷出多发生在高压瓦斯积聚的煤（岩）层地质构造区。褶皱、断层附近或顶板、底板的石灰岩溶洞等地方都会积聚大量的高压瓦斯。

（2）瓦斯喷出与邻近层之间的岩石厚度变化有关，开采煤层的顶板或底板岩层有高压瓦斯时，在间距较小的情况下，邻近煤层内的高压瓦斯可能沿顶板或底板裂隙喷出。

（3）瓦斯喷出量与蓄积瓦斯量和瓦斯来源的范围有密切的关系。

（4）瓦斯喷出一般有明显的喷出口或裂缝。

（5）瓦斯喷出前往往出现预兆，如地压活动显著加剧、底板鼓起、支架来压破坏、煤层变软或湿润、瓦斯涌出量忽大忽小、出现"嘶嘶"的瓦斯流动声响等现象。

三、煤层瓦斯喷出的防治

在 20 m 巷道范围内，涌出瓦斯量大于或等于 1 m^3/min，且持续时间在 8 h 以上时，该采掘区即为瓦斯喷出危险区域。

《煤矿安全规程》规定，有瓦斯或者二氧化碳喷出的煤（岩）层，开采前必须采取下列措施：

①打前探钻孔或者抽排钻孔。

②加大喷出危险区域的风量。

③将喷出的瓦斯或者二氧化碳直接引入回风巷或者抽采瓦斯管路。

预防和处理瓦斯喷出的措施，应根据瓦斯喷出量和瓦斯压力来制定，可概括为"探、排、引、堵"4 个方面。"探"就是通过打钻，探明工作面前方及两侧是否存在断层、裂隙或溶洞，了解其位置、空间大小以及其中的瓦斯赋存情况；"排"就是排放或抽放瓦斯；"引"就是将瓦斯引至总回风流或距工作面 20 m 以外的回风流中；"堵"就是用黄泥或其他材料封堵裂隙、裂缝，阻止瓦斯喷出。在实际作业中，要综合运用"探、排、引、堵"，具体措施如下。

1. 探明地质构造

预防瓦斯喷出，首先要加强地质工作，在可能的喷出地点附近打前探钻孔，查清楚施工地区的地质构造、断层和溶洞的位置、裂隙的位置和走向以及瓦斯储量和压力等情况，采取相应的预防和处理措施。一般分为以下 2 种情况：

（1）当瓦斯压力和喷出量都不大时，可以通过钻孔，让瓦斯自然排放到回风流中，或用黄泥、水泥砂浆等充填材料堵塞喷出口。

（2）当瓦斯压力和喷出量较大时，应将钻孔或巷道封闭，通过瓦斯管把瓦斯引排到适宜地点或接入抽采瓦斯管路，将瓦斯抽到地面。

前探钻孔的要求是：

（1）立井和石门掘进揭开有瓦斯喷出危险的煤层时，在该煤层 10 m 以外开始向煤层打钻。钻孔直径不小于 75 mm，钻孔数不少于 3 个，并全部穿透煤层，如图 3－1 所示。

（2）在瓦斯喷出危险煤层中掘进巷道时，可沿煤层边掘进边打超前钻孔，钻孔超前工作

面的投影距离不得少于 5 m，钻孔数不得少于 3 个，钻孔控制范围要超出井巷侧壁 2～3 m。

（3）在有岩石裂隙、溶洞以及破坏带并有瓦斯喷出危险的岩层中掘进巷道时，前探钻孔直径不小于 75 mm，钻孔数不少于 2 个，超前距工作面的投影距离不小于 5 m。

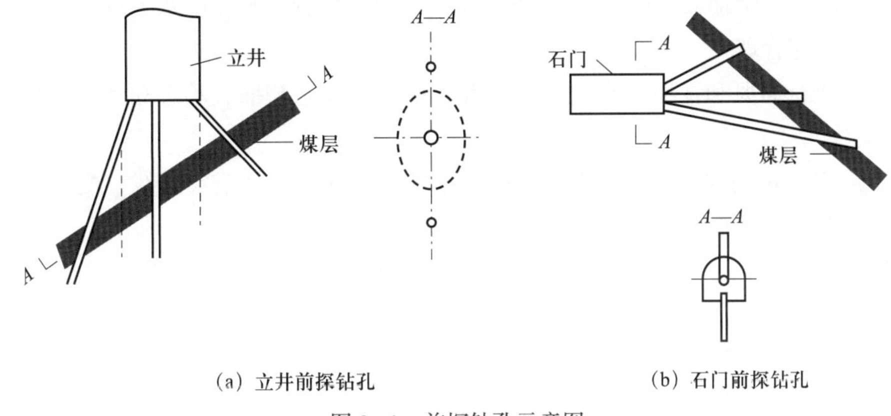

图 3-1　前探钻孔示意图

2. 引排、封堵、抽放综合治理

（1）当用通风的方法不能使井巷的瓦斯浓度降到《煤矿安全规程》规定的允许浓度时，就要采用隔离瓦斯源的措施，利用专门通道把瓦斯引（或排）到安全地点。当瓦斯喷出量小且裂隙不大时，可用引排罩或其他设施（铁风筒、金属溜槽或铁板等）将裂隙封盖好，并利用管路将瓦斯引排到回风巷或地面。若裂隙较大，可以安设若干个引排罩。安设引排罩时，先将煤（或岩石）挖出 30～40 mm 深的槽，然后把引排罩罩在喷出口上，并在四周用水泥浆或黄泥等填充材料填实，利用管路把瓦斯引走，如图 3-2 所示。

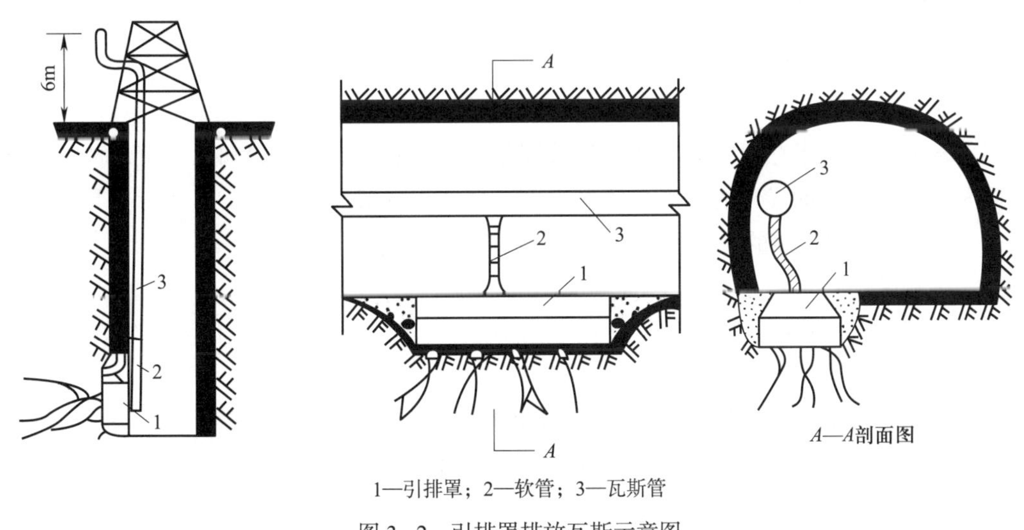

1—引排罩；2—软管；3—瓦斯管

图 3-2　引排罩排放瓦斯示意图

（2）不能用引排罩时，可以打钻孔抽放瓦斯，钻孔直径一般为 45～110 mm。也可以先砌筑混凝土井壁或巷道碹体，然后在井壁或碹壁外注水泥浆封固，同时在壁后插管将瓦斯引排到回风巷或地面。

（3）若瓦斯喷出很强烈不能采用上述方法，则必须把喷出瓦斯巷道封闭。通过密闭墙把瓦斯抽出或引入回风巷进行抽放。为了放水、抽瓦斯和取气样，应在密闭墙上安设3个直径为35 mm的插管：1个抽放瓦斯管、1个放水管、1个取样管（平时用塞子封闭）。

3. 加强通风与管理

（1）严格执行通风和瓦斯检查制度，掌握瓦斯涌出动态与抽放动态和瓦斯喷出预报，以防止瓦斯喷出。

（2）加强职工安全教育，确保人人掌握瓦斯喷出预兆，熟悉避灾路线，配备隔离式自救器，设置压风自救等设施。

（3）做好顶板管理，加强支架质量检查，必要时采取人工卸压措施，以防大面积突然卸压。

《煤矿安全规程》对瓦斯喷出的相关规定如下：

①开采有瓦斯喷出危险的煤层时，严禁任何2个工作面之间串联通风。

②瓦斯喷出区域采用局部通风机通风时，必须采用压入式。

③有瓦斯喷出危险的采掘工作面，必须有专人经常检查。

第二节　煤与瓦斯突出及其防治概况

一、煤与瓦斯突出概述

1. 煤与瓦斯突出的相关概念

（1）煤与瓦斯突出

煤与瓦斯突出是指在地应力和瓦斯的共同作用下，破碎的煤、岩和瓦斯由煤体或岩体内突然向采掘空间抛出的异常的动力现象。煤与瓦斯突出一般简称突出，其实际上是煤与瓦斯突出、煤的突然倾出、煤的突然压出、岩石与瓦斯突出的总称。

（2）突出煤层

突出煤层是指在矿井井田范围内发生过突出或者经鉴定或认定有突出危险的煤层。

（3）突出矿井

突出矿井是指在开拓、生产范围内有突出煤层的矿井。

煤矿发生生产安全事故，经事故调查认定为突出事故的，发生事故的煤层直接认定为突出煤层，该矿井为突出矿井。

2. 煤与瓦斯突出的分类

（1）按突出现象的力学特征分类

根据突出现象的力学性质和基本特征不同，将突出现象分为4类：煤与瓦斯突出、煤的

突然压出、煤的突然倾出、岩石与瓦斯突出。

1）煤与瓦斯突出

造成煤与瓦斯突出的主要因素是地应力和瓦斯压力的联合作用，通常以地应力为主，瓦斯压力为辅，重力不起决定作用，实现突出的基本能源是煤内积蓄的高压瓦斯能。

煤与瓦斯突出的基本特征如下：

①突出的煤向外抛出的距离较远，具有分选现象，靠近突出孔洞和巷道下部的为块煤，稍远处为碎煤，离突出孔洞较远处和煤堆上的为粉煤。

②抛出煤的堆积角小于自然安息角（松散的煤自然堆积时，其四周将形成倾斜的堆积坡面，这种自然堆积坡面与水平面相交的最大角度，称为煤的自然安息角）。

③抛出煤的破碎程度较高，含有大量碎煤和一定数量的手捻无粒感的煤粉。

④有明显的动力效应，如破坏支架、推倒矿车、损坏或移动安装在巷道内的设施等。

⑤有大量的瓦斯涌出，瓦斯涌出量远远超过突出煤的瓦斯含量，有时会使风流逆转。

⑥突出孔洞呈口小腔大的梨形、舌形、倒瓶形、分岔形或其他形状。

2）煤的突然压出

造成煤的突然压出的主要因素是受采动影响所产生的地应力，瓦斯压力与煤的重力是次要的因素。压出的基本能源是煤层所积蓄的弹性能。

煤的突然压出的基本特征如下：

①压出包括煤的整体位移和煤的抛出 2 种形式，但位移和抛出的距离都较小。

②压出后，在煤层与顶板之间的裂隙中常留有细煤粉，整体位移的煤体上有大量裂隙。

③压出的煤呈块状，无分选现象。

④压出可能无孔洞或呈口大腔小的楔形、半圆形孔洞。

3）煤的突然倾出

造成倾出的主要因素是地应力，即结构松软、饱含瓦斯、内聚力小的煤，在较高的地应力作用下，突然破坏，失去平衡，为其位能的释放创造了条件。实现突然倾出的主要动力是失稳煤体的自身重力。

煤的突然倾出的基本特征如下：

①倾出的煤按自然安息角堆积，无分选现象。

②倾出的孔洞大多口大腔小，孔洞轴线沿煤层倾斜或铅垂（厚煤层）方向发展。

③倾出无明显动力效应。

④倾出常发生在煤质松软的急倾斜煤层中。

4）岩石与瓦斯突出

岩石与瓦斯突出是在地应力和外界动力作用下，岩层瞬间被破坏向巷道空间抛出，同时涌出大量瓦斯的现象。

岩石与瓦斯突出的基本特征如下：

①在岩石中进行爆破时，在炸药直接作用范围外，发生破碎岩石被抛出现象。

②抛出的岩石中，含有大量的砂粒和粉尘。

③产生明显动力效应。

④巷道瓦斯涌出量明显增大。

⑤在岩体中形成孔洞。

⑥有突出危险的岩层松软，岩石呈片状、碎屑状，其岩芯呈凹凸片状，并具有较大的孔隙率和瓦斯含量。

（2）按突出的强度进行分类

突出强度是指一次突出的煤量和瓦斯量。由于发生突出时瓦斯量难以准确计量，故一般以突出的煤量作为划分强度的主要依据。按突出的煤量可将突出强度划分为小型突出、中型突出、大型突出、特大型突出 4 类。

①小型突出：突出的煤量小于 100 t。

②中型突出：突出的煤量为 100～500 t。

③大型突出：突出的煤量为 500～1 000 t。

④特大型突出：突出的煤量不小于 1 000 t。

3. 煤与瓦斯突出的一般规律

（1）煤与瓦斯突出危险性随开采深度的增加而增大

对同一矿区的同一煤层，随着开采深度的增加，其地应力和瓦斯压力也逐渐增大，煤与瓦斯突出危险性也相应增大。一般一个煤层有一个发生突出的最小深度（称为始突深度），当煤层开采深度小于始突深度时，不会发生煤与瓦斯突出；但开采深度大于始突深度时，突出危险性就会随深度的增加而增大，其主要表现为突出次数增多、突出强度增大、突出煤层增多、突出危险区域扩大。

（2）煤与瓦斯突出大多发生在地质构造带

煤与瓦斯突出的发生大多与地质构造有关，如断层、褶曲、扭转和火成岩侵入区等易发生煤与瓦斯突出。煤与瓦斯突出之所以多发生在地质构造带，是因为该区域的煤层结构遭到破坏，抵抗突出的强度降低。同时，在地质构造带煤层储存瓦斯和排放瓦斯的条件发生了变化，加上较高的地应力，使煤层透气性降低，一旦采掘活动破坏了瓦斯储存的平衡条件，将会加速煤层瓦斯解吸，并造成工作面前方应力突变，从而导致突出发生。

（3）煤与瓦斯突出多发生在采掘工作面

采掘工作面发生煤与瓦斯突出的相关资料表明，突出次数和强度与采掘巷道类型、作业方式、工序有关。大多煤与瓦斯突出发生在爆破和落煤工序。一般掘进工作面突出次数多于采煤工作面，掘进巷道突出强度大于采煤工作面突出强度。平巷掘进发生的煤与瓦斯突出次数最多，石门揭煤发生煤与瓦斯突出的强度和危害性最大。

（4）煤层突出危险区大多呈条带状分布

突出煤层中并非处处都有突出危险，相反，突出煤层绝大多数区域都无突出危险，突出危险区有带状分布特点。其原因是突出危险区受到地质构造影响，而地质构造具有带状分布的特征，如断层、向斜轴部、火成岩侵入形成变质煤与非变质煤交互或邻近地区以及各种地质构造交会处等。

（5）突出前大多有突出预兆

虽然突出的发生具有突然性，但在突出前大多都有预兆出现。

①声响预兆。如煤体中发生的闷雷声响、爆竹声、机枪声、“嗡嗡”声等，这些声响在突出矿井统称为“响煤炮”。响煤炮预兆是各种突出预兆中发生最为频繁的，值得重视。

②瓦斯预兆。瓦斯涌出异常，瓦斯浓度忽大忽小，打钻喷瓦斯、喷煤以及出现哨声、蜂鸣声等。瓦斯浓度忽大忽小的预兆，常常发生在强度大的突出前。

③煤层结构预兆。如层理紊乱，煤体干燥、变软、色泽变暗而无光泽、产状急剧变化，波状隆起以及层理逆转等，尤其应引起注意的是煤层软分层变厚，这种变化在各种煤结构变化中，引发的平均突出强度最大。

④矿压显现预兆。支架来压、煤壁开裂、片帮、工作面煤壁外鼓、巷道底鼓，打钻时钻孔严重顶钻、夹钻、喷孔、钻孔变形垮孔以及炮眼装不进炸药等。

《煤矿安全规程》规定，突出煤层工作面的作业人员、瓦斯检查工、班组长应当掌握突出预兆。发现突出预兆时，必须立即停止作业，按避灾路线撤出，并报告矿调度室。班组长、瓦斯检查工、矿调度员有权责令相关现场作业人员停止作业，停电撤人。

4. 煤与瓦斯突出的危害

煤与瓦斯突出是煤和瓦斯突然运动的一种极其复杂的动力现象，危害性极大，是严重威胁煤矿安全生产的灾害之一，主要危害有以下几种。

①突出发生时，喷出的煤（岩）碎块质量可达数千吨甚至数万吨，有的可能堵塞巷道断面，造成人员掩埋致死，生产设备被埋，给矿井造成人员伤亡、财产损失，迫使矿井生产中断。

②突出时产生的巨大动力效应，可能摧毁巷道支架导致冒顶事故的发生，还会摧毁矿车、生产设备，造成矿井生产混乱。

③突出产生的高浓度瓦斯可达数百立方米甚至数百万立方米，造成井下人员窒息死亡。

④突出产生的高浓度瓦斯经风流稀释后达到爆炸界限时，遇到火源就会发生瓦斯爆炸事故，影响更为严重。

⑤突出强度较大时，煤与瓦斯突出所产生的含煤粉或岩粉的高速瓦斯流能够造成风流逆转现象，危险性极大。

⑥突出发生后，矿井通风设施被破坏，造成矿井通风系统紊乱，使灾害进一步扩大。

二、煤与瓦斯突出的机理

了解煤与瓦斯突出的机理才能更好地解释突出原因和描述突出发生、发展过程。煤与瓦斯突出是一种十分复杂的动力现象，解说很多，至今还没有形成共识。目前，煤与瓦斯突出机理的解说有 4 大类。

1. 瓦斯作用说

瓦斯作用说普遍认为煤与瓦斯突出的主要动力来源于高压瓦斯，当采掘工作接近或沟通存储有大量高压瓦斯的区域或地点时，高压瓦斯会突然喷出，造成煤与瓦斯突出。

2. 地压作用说

地压作用说认为煤与瓦斯突出是地压作用的结果。地压包括岩石静压力、地质构造应力和采掘过程中形成的集中应力等。在地压作用下，煤层处于弹性状态，积蓄着很大的弹性势能，当采掘工作接近或进入这些区域或地点时，弹性势能突然释放，使煤体破碎、抛出而发生突出。

3. 化学本质说

化学本质说认为煤与瓦斯突出是煤层中不断进行的地球化学反应，即煤层的氧化还原过程造成的。该过程因活性氧及放射性物质的存在而加剧，生成活性中间物，导致高压瓦斯形成。活性中间物和煤中有机物质相互作用，使煤分子遭到破坏，导致煤与瓦斯突出。

4. 综合作用说

综合作用说认为煤与瓦斯突出是地压、瓦斯（包括瓦斯压力、含量和吸附瓦斯瞬时解吸速度等）、重力（主要对急倾斜煤层而言）和煤的物理机械性质（包括煤的强度和破坏类型等）综合作用的结果。目前，国内外大多数学者认为综合作用说更切合实际。

三、突出防治技术简述

有突出矿井的煤矿企业、突出矿井应当结合矿井开采条件，制定、实施区域和局部综合防突措施。

区域综合防突措施包括下列内容：

①区域突出危险性预测。

②区域防突措施。

③区域防突措施效果检验。

④区域验证。

局部综合防突措施包括下列内容：

①工作面突出危险性预测。

②工作面防突措施。

③工作面防突措施效果检验。

④安全防护措施。

突出矿井应当加强区域和局部（简称两个“四位一体”）综合防突措施实施过程的安全管理和质量管控，确保质量可靠、过程可溯。

防突工作必须坚持“区域综合防突措施先行、局部综合防突措施补充”的原则，按照“一矿一策、一面一策”的要求，实现“先抽后建、先抽后掘、先抽后采、预抽达标”。突出煤层必须采取两个“四位一体”综合防突措施，做到多措并举、可保必保、应抽尽抽、效果达标，否则严禁采掘活动。

防治煤与瓦斯突出基本流程如图 3-3 所示。

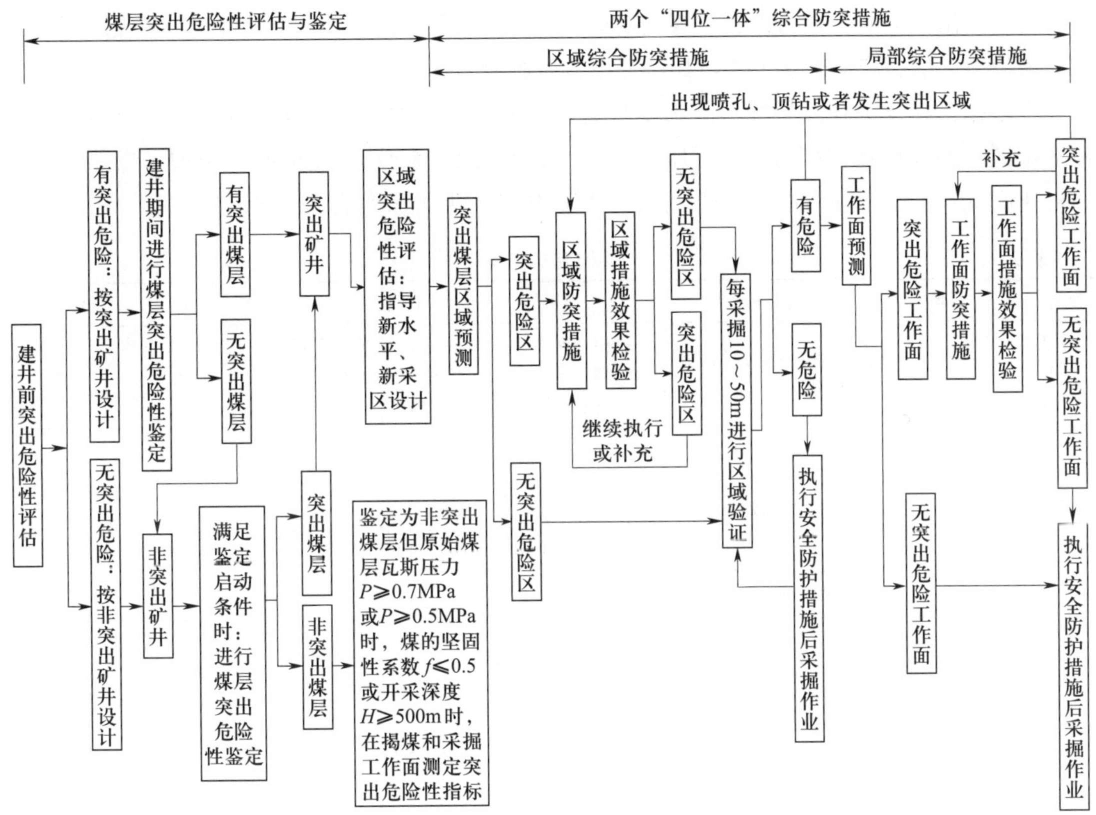

煤层突出危险性评估与鉴定
两个“四位一体”综合防突措施
区域综合防突措施
局部综合防突措施
出现喷孔、顶钻或者发生突出区域
建井前突出危险性评估
有突出危险：按突出矿井设计
无突出危险：按非突出矿井设计
建井期间进行煤层突出危险性鉴定
有突出煤层
无突出煤层
突出矿井
非突出矿井
满足鉴定启动条件时：进行煤层突出危险性鉴定
突出煤层
非突出煤层
区域突出危险性评估：指导新水平、新采区设计
鉴定为非突出煤层但原始煤层瓦斯压力$P \geqslant 0.7$MPa或$P \geqslant 0.5$MPa时，煤的坚固性系数$f \leqslant 0.5$或开采深度$H \geqslant 500$m时，在揭煤和采掘工作面测定突出危险性指标
突出煤层区域预测
突出危险区
无突出危险区
区域防突措施
区域措施效果检验
无突出危险区
突出危险区
继续执行或补充
每采掘10～50m进行区域验证
有危险
无危险
执行安全防护措施后采掘作业
工作面预测
突出危险工作面
无突出危险工作面
工作面防突措施
补充
工作面措施效果检验
突出危险工作面
无突出危险工作面
执行安全防护措施后采掘作业

图 3-3　防治煤与瓦斯突出基本流程图

四、突出矿井的鉴定与管理

1. 突出煤层与突出矿井的鉴定

（1）相关规定

《煤矿安全规程》规定，有下列情况之一的煤层，应当立即进行煤层突出危险性鉴定，否则直接认定为突出煤层；鉴定未完成前，应当按照突出煤层管理：

①有瓦斯动力现象的。

②瓦斯压力达到或者超过 0.74 MPa 的。

③相邻矿井开采的同一煤层发生突出事故或者被鉴定、认定为突出煤层的。

除停产停建矿井和新建矿井外，矿井内根据《防治煤与瓦斯突出细则》规定按突出煤层管理的，应当在确定按突出煤层管理之日起 6 个月内完成该煤层的突出危险性鉴定；否则，直接认定为突出煤层。鉴定机构应当在接受委托之日起 4 个月内完成鉴定工作，并对鉴定结果负责。

按照突出煤层管理的煤层，必须采取区域或者局部综合防突措施。

（2）鉴定方法

突出煤层鉴定应当首先根据实际发生的瓦斯动力现象进行，瓦斯动力现象特征基本符合煤与瓦斯突出特征或者抛出煤的吨煤瓦斯涌出量大于或等于 30 m^3（或者为本区域煤层瓦斯含量 2 倍以上）的，应当确定为煤与瓦斯突出，该煤层为突出煤层。

当根据瓦斯动力现象特征不能确定为突出，或者没有发生瓦斯动力现象时，应当根据实际测定的原始煤层瓦斯压力（相对压力）P、煤的坚固性系数 f、煤的破坏类型、煤的瓦斯放散初速度 Δp 等突出危险性指标进行鉴定。煤的破坏类型可参考表 3-1 确定。

表 3-1　　煤的破坏类型

破坏类型	光泽	构造与构造特征	节理性质	节理面性质	断口性质	手试强度
Ⅰ类煤（非破坏煤）	亮与半亮	层状结构，块状结构，条带清晰明显	一组或两组、三组节理，节理系统发达，有次序	有充填物（方解石），次生面少，节理、劈理面平整	参差阶状，贝状，波浪状	坚硬，用手难以掰开
Ⅱ类煤（破坏煤）	亮与半亮	1. 尚未失去层状，较有次序； 2. 条带明显，有时扭曲，有错动； 3. 不规则块状，多棱角； 4. 有挤压特征	次生节理面多，且不规则，与原生节理呈网状节理	节理面有擦纹、滑皮，节理平整，易掰开	参差多角	用手极易掰成小块，中等硬度
Ⅲ类煤（强烈破坏煤）	半亮与半暗	1. 弯曲呈透镜体构造； 2. 小片状构造； 3. 细小碎块，层理紊乱无次序	节理不清，系统不发达，次生节理密度大	有大量擦痕	参差及粒状	用手捻之可成粉末、碎粒
Ⅳ类煤（粉碎煤）	暗淡	粒状或小颗粒胶结而成，形似天然煤团	无节理，成黏块状		粒状	用手捻之可成粉末
Ⅴ类煤（全粉煤）	暗淡	1. 土状结构，似土质煤； 2. 如断层泥状			土状	易捻成粉末，疏松

全部指标均符合表 3-2 所列条件，或者钻孔施工过程中发生喷孔、顶钻等明显突出预兆的，应当鉴定为突出煤层。否则，煤层突出危险性应当由鉴定机构结合直接法测定的原始瓦斯含量等实际情况综合分析确定，但当 $f \leqslant 0.3$、$P \geqslant 0.74$ MPa，或者 $0.3 < f \leqslant 0.5$、$P \geqslant 1$ MPa，或者 $0.5 < f \leqslant 0.8$、$P \geqslant 1.50$ MPa，或者 $P \geqslant 2$ MPa 的，一般鉴定为突出煤层。

表 3-2　　煤层突出危险性鉴定指标

判定指标	原始煤层瓦斯压力（相对压力）P/MPa	煤的坚固性系数 f	煤的破坏类型	煤的瓦斯放散初速度 Δp
有突出危险的临界值及范围	≥0.74	≤0.5	Ⅲ、Ⅳ、Ⅴ	≥10

确定为非突出煤层时，应当在鉴定报告中明确划定鉴定范围。当采掘工程超出鉴定范围的，应当测定瓦斯压力、瓦斯含量及其他与突出危险性相关的参数，掌握煤层瓦斯赋存变化情况。但若是根据《防治煤与瓦斯突出细则》要求进行的突出煤层鉴定确定为非突出煤层的，在开拓新水平、新采区或者采深增加超过 50 m，或者进入新的地质单元时，应当重新进行突出煤层危险性鉴定。

突出煤层的认定按以下要求进行：

①经事故调查确定为突出事故的所在煤层，或者根据《防治煤与瓦斯突出细则》要求按突出煤层管理超期未完成鉴定的，由省级煤炭行业管理部门直接认定为突出煤层。

②煤矿企业自行认定为突出煤层的，应当报省级煤炭行业管理部门、煤矿安全监管部门和煤矿安全监察机构。

（3）煤的坚固性系数（f）测定方法

1）仪器设备及用具

捣碎筒、计量筒、分样筛（孔径 20 mm、30 mm 和 0.5 mm 各一个）、天平（最大称量 1 000 g，最小分度值 0.01 g）、小锤、漏斗、容器。

2）采样与制样

①在新暴露的煤层上沿煤层厚度的上、中、下部各采取长度为 100 mm 左右的煤样 2 块。当在地面打钻采样时，也应在沿煤层厚度的上、中、下部各采取长度为 100 mm 的煤样 2 块。煤样采出后应及时用保鲜膜、塑料袋或塑料纸及胶带包裹密封，使其保持自然含水状态。

②煤样要附有标签，注明采样地点、层位、时间等。

③煤样在携带、运送过程中应该注意不得摔碰，不应产生人为裂隙。

④把煤样用小锤碎制成 20～30 mm 的小块，用孔径 20 mm 和 30 mm 的筛子筛选出介于 20～30 mm 的煤块。

⑤称取制备好的试样 50 g 为 1 份，每 5 份为 1 组，共称取 3 组。

3）测定步骤

①将捣碎筒放置在混凝土地板或 20 mm 厚的铁板上，放入试样 1 份，将 2.4 kg 重锤提高到 600 mm 高度，使其自由落下冲击试样，每份冲击 3 次，把 5 份捣碎后的试样装在同一容器中。

②把每组（5 份）捣碎后的试样一起倒入孔径 0.5 mm 分样筛中筛分，筛至不再漏下煤粉为止。

③把筛下的粉末用漏斗装入计量筒内，轻轻敲打使其密实，然后轻轻插入带有刻度的活塞尺与筒内粉末接触。在计量筒口相平处读取 L，即粉末在计量筒内实际测量高度，读至毫米（mm）。

④当 $L \geqslant 30$ mm 时，冲击次数 n 即可定为 3 次，按以上步骤继续进行其他各组的测定。

⑤当 $L < 30$ mm 时，该组试样作废，每份试样冲击次数 n 改为 5 次，按上述步骤进行冲击、筛分和测定，仍以每 5 份作 1 组，测定煤粉高度 L。

4）煤的坚固性系数的计算

煤的坚固性系数按式（3－1）计算：

$$f=\frac{20n}{L} \tag{3-1}$$

式中，f——煤的坚固性系数；

n——每份试样冲击次数，次；

L——每组试样筛下煤粉的计量高度，mm。

平行测定 3 组（每组 5 份），取算术平均值，计算结果取 2 位有效数字。

5）软煤坚固性系数的确定

当采取的煤样粒度达不到要求（20～30 mm）时，应当采用粒度为 1～3 mm 的煤样按上述要求进行测定，测得 1～3 mm 煤样的坚固性系数 f_{1-3}。

当 $f_{1-3} \leqslant 0.25$ 时，$f=f_{1-3}$。

当 $f_{1-3} > 0.25$ 时，$f=1.57f_{1-3}-0.14$。

（4）煤的瓦斯放散初速度指标 Δp 测定方法

1）仪器设备及用具

试样瓶、真空泵、甲烷气源（0.1 MPa，纯度>99.9%）、分样筛、天平、真空汞柱计、漏斗、脱脂棉等。

2）采样与制样

①在新暴露的煤壁、地面钻井、井下钻孔取煤样，若煤层有多个分层，应逐层分别采样，每个煤样重 250 g，并注明采样地点、层位、采样时间。

②将所采煤样进行粉碎，筛分出粒度为 0.2～0.25 mm 的煤样，每个煤样取 2 个试样，每个试样重 3.5 g。

3）测定步骤

①把同一煤样的 2 个试样用漏斗分别装入 2 个试样瓶中。

②启动真空泵对 2 个试样脱气 1.5 h。

③脱气 1.5 h 后关闭真空泵，将甲烷瓶与试样瓶连接，充气（充气压力为 0.1 MPa）使 2 个试样吸附瓦斯 1.5 h。

④关闭试样瓶与甲烷瓶阀门，使之相互隔离。

⑤开动真空泵对固定空间（含仪器管道）脱气，使“U”形管真空计汞柱两端汞面相平。

⑥停止真空泵，关闭仪器固定空间通往真空泵的阀门，打开试样瓶的阀门，使煤样与仪器被抽空的固定空间相连，同时启动秒表计时，10 s 时关闭阀门，读出真空计两端汞柱差 p_1（mm），45 s 时再打开阀门，60 s 时关闭阀门，再次读出两端汞柱差 p_2（mm）。瓦斯放散初速度 $\Delta p=p_2-p_1$。

Δp 保留到个位，2 个试样 Δp 值相同时，则取该值；2 个 Δp 值的差（绝对值，下同）为 1 时，取二者最大值；差大于 1 时，为不合格，应重新测定。

瓦斯放散初速度也可选用 WFC－3 型瓦斯放散初速度测定仪或 WT－1 型瓦斯扩散速度测试仪测定。

2. 突出矿井的管理

为了有效地防止突出的发生，除了正确制定防突措施外，还必须加强突出矿井的组织和技术管理工作，这样才能保证防突措施的贯彻和实施。

（1）加强矿井组织管理工作

根据《煤矿安全规程》和《防治煤与瓦斯突出细则》的有关规定，在防突制度与责任、防突队伍、防突措施计划、人员培训等方面建立健全各项组织管理措施。

1）制度与责任

有突出矿井的煤矿企业主要负责人应当每季度，突出矿井矿长应当每月至少进行1次防突专题研究，检查、部署防突工作，解决防突所需的人力、财力、物力，确保抽、掘、采平衡和防突措施的落实。煤矿企业、煤矿的分管负责人负责落实所分管范围内的防突工作。煤矿企业、煤矿的各职能部门负责人对职责范围内的防突工作负责；区（队）长、班组长对管辖范围内防突工作负直接责任；瓦斯防突工对所在岗位的防突工作负责。煤矿企业、煤矿的安全生产管理部门负责对防突工作的监督检查。

突出矿井应当对两个“四位一体”综合防突措施的实施进行全过程管理，建立完善综合防突措施实施、检查、验收、审批等管理制度。

2）防突队伍

有突出煤层的煤矿企业、煤矿应当设置满足防突工作需要的专业防突队伍。

3）防突措施计划

有突出煤层的煤矿企业、煤矿在编制年度、季度、月度生产建设计划时，必须同时编制年度、季度、月度防突措施计划，保证抽、掘、采平衡。

4）人员培训

突出矿井的管理人员和井下工作人员必须接受防突知识的培训，经考试合格后方可上岗作业。

（2）加强矿井技术管理工作

①有突出矿井（煤层）的煤矿企业、煤矿应当建立防突技术管理制度，煤矿企业技术负责人、煤矿总工程师对防突工作负技术责任，负责组织编制、审批、检查防突工作规划、计划和措施。

②采掘作业时，应当严格执行防突措施的规定并有详细准确的记录。

③煤矿企业的主要负责人、技术负责人应当每季度至少1次到现场检查各项防突措施的落实情况。

④突出煤层采掘工作面每班必须有专人经常检查瓦斯。

⑤突出煤层采掘工作面爆破工作必须由固定的专职爆破工担任。

第二节　煤与瓦斯突出的危险性预测

突出危险性预测是两个“四位一体”综合防突措施的第一个环节。预测的目的是确定突出危险的区域和地点，以便使防突措施的执行更加有的放矢。

突出危险性预测分为区域突出危险性预测和工作面突出危险性预测。

一、区域突出危险性预测

区域突出危险性预测（区域预测）是预测煤层和煤层区域（包括井田、新水平和新采区）

的突出危险性，并应在地质勘探、新井建设、新水平和新采区开拓时进行。经区域突出危险性预测后，将突出煤层划分为无突出危险区和突出危险区，用于指导采煤工作面设计和采掘生产作业。

区域预测一般根据煤层瓦斯参数结合瓦斯地质分析的方法进行，也可以采用其他经试验证实有效的方法。

根据煤层瓦斯参数结合瓦斯地质分析的区域预测方法应当按照下列要求进行：

①煤层瓦斯风化带为无突出危险区。

②根据已开采区域确切掌握的煤层赋存特征、地质构造条件、突出分布的规律和对预测区域煤层地质构造的探测、预测结果，采用瓦斯地质分析的方法划分出突出危险区。当突出点或者具有明显突出预兆的位置分布与构造带有直接关系时，则该构造的延伸位置及其两侧一定范围的煤层为突出危险区；否则，在同一地质单元内，突出点和具有明显突出预兆的位置以上 20 m（垂深）及以下的范围为突出危险区。

在①划分出的无突出危险区和②划分的突出危险区以外的范围，应当根据煤层瓦斯压力 P 和煤层瓦斯含量 W 进行预测。预测所依据的临界值应当根据试验考察确定，在确定前可暂按表 3-3 预测。

表 3-3　根据煤层瓦斯压力和瓦斯含量进行区域预测的临界值

瓦斯压力 P/MPa	瓦斯含量 W/($m^3 \cdot t^{-1}$)	区域类别
$P<0.74$	$W<8$（构造带 $W<6$）	无突出危险区
除上述情况以外的其他情况		突出危险区

区域预测所依据的主要瓦斯参数测定应当符合下列要求：

①煤层瓦斯压力、瓦斯含量等参数应当为井下实测数据，用直接法测定瓦斯含量时应当定点取样。

②测定煤层瓦斯压力、瓦斯含量等参数的测试点在不同地质单元内根据其范围、地质复杂程度等实际情况和条件分别布置；同一地质单元内沿煤层走向布置测试点不少于 2 个，沿倾向不少于 3 个，并确保在预测范围内埋深最大及标高最低的部位有测试点。

二、工作面突出危险性预测

工作面突出危险性预测（工作面预测）是预测工作面煤体的突出危险性，工作面预测应当在工作面推进过程中进行，经工作面预测后划分为突出危险工作面和无突出危险工作面。

工作面预测按其作业场所不同可分为井巷揭煤工作面预测、煤巷掘进工作面预测和采煤工作面预测。

1. 井巷揭煤工作面预测

井巷揭煤工作面的突出危险性预测应当选用钻屑瓦斯解吸指标法或者其他经试验证实有效的方法进行。

钻屑瓦斯解吸指标法就是依据瓦斯解吸指标 Δh_2 值或 K_1 值，预测井巷揭煤工作面突出危险性等级。其中，瓦斯解吸指标 Δh_2 值是煤钻屑在解吸仪内 2 min 解吸瓦斯压力值（单位为 Pa）；瓦斯解吸指标 K_1 值是煤钻屑脱落暴露在大气中时，第一分钟内每克钻屑的瓦斯解吸量［单位为 mL/(g·min$^{1/2}$)］，一般使用 WTC 型瓦斯突出参数仪测得。

采用钻屑解吸指标法预测井巷揭煤工作面的突出危险性时，具体方法和要求如下：

①由工作面向煤层的适当位置至少施工 3 个钻孔。

②在钻孔钻进到煤层时，每钻进 1 m 采集一次孔口排出的粒径 1～3 mm 的煤钻屑，测定其瓦斯解吸指标 Δh_2 值或 K_1 值。

③各煤层井巷揭煤工作面钻屑瓦斯解吸指标的临界值应当根据试验考察确定，在确定前可暂按表 3－4 中所列的指标临界值预测突出危险性。

表 3－4　钻屑瓦斯解吸指标法预测井巷揭煤工作面突出危险性的参考临界值

煤样	Δh_2 指标临界值 /Pa	K_1 指标临界值 /(mL·g^{-1}·min$^{-1/2}$)
干煤样	200	0.5
湿煤样	160	0.4

④如果所有实测的指标值均小于临界值，并且未发现其他异常情况，则该工作面为无突出危险工作面；否则，为突出危险工作面。

2. 煤巷掘进工作面预测

在突出危险区域中掘进煤巷时，可采用钻屑指标法、复合指标法、*R* 值指标法及其他经试验证实有效的方法预测煤巷工作面的突出危险性。

（1）钻屑指标法

采用钻屑指标法预测煤巷掘进工作面突出危险性时，应按下列步骤进行：

①在近水平、缓倾斜煤层工作面应当向前方煤体至少施工 3 个预测钻孔，在倾斜或者急倾斜煤层至少施工 2 个直径 42 mm、孔深 8～10 m 的预测钻孔。

钻孔应当尽可能布置在软分层中，其中 1 个钻孔位于掘进巷道断面中部，并平行于掘进方向，其他钻孔的终孔点应当位于巷道断面两侧轮廓线外 2～4 m 处。对于厚度超过 5 m 的煤层应当向巷道上方或者下方的煤体适当增加预测钻孔。

②预测钻孔从深度为 2 m 处开始，每钻进 1 m 测定该 1 m 段的全部钻屑量 *S*，每钻进 2 m 至少测定 1 次钻屑瓦斯解吸指标 K_1 值或者 Δh_2 值。

各煤层采用钻屑指标法预测煤巷掘进工作面突出危险性的指标临界值应当根据试验考察确定，在确定前可暂按表 3－5 的临界值确定工作面的突出危险性。

表 3－5　钻屑指标法预测煤巷掘进工作面突出危险性的参考临界值

钻屑瓦斯解吸指标 Δh_2/Pa	钻屑瓦斯解吸指标 K_1/(mL·g^{-1}·min$^{-1/2}$)	钻屑量 *S*/	
		kg·m^{-1}	L·m^{-1}
200	0.5	6	5.4

如果实测得到的 S、K_1 或者 Δh_2 的所有测定值均小于临界值，并且未发现其他异常情况，则该工作面预测为无突出危险工作面；否则，为突出危险工作面。

（2）复合指标法

采用复合指标法预测煤巷掘进工作面突出危险性时，应按下列步骤进行：

①预测钻孔的布置方式同钻屑指标法。

②预测钻孔从深度为 2 m 处开始，每钻进 1 m 测定该 1 m 段的全部钻屑量 S，并在暂停钻进后 2 min 内测定钻孔瓦斯涌出初速度 q。测定钻孔瓦斯涌出初速度时，测量室的长度为 1 m。

各煤层采用复合指标法预测煤巷掘进工作面突出危险性的指标临界值应当根据试验考察确定，在确定前可暂按表 3-6 的临界值进行预测。

表 3-6　复合指标法预测煤巷掘进工作面突出危险性的参考临界值

钻孔瓦斯涌出初速度 q/(L·min^{-1})	钻屑量 S/	
	kg·m^{-1}	L·m^{-1}
5	6	5.4

如果实测得到的指标 q、S 的所有测定值均小于临界值，并且未发现其他异常情况，则该工作面预测为无突出危险工作面；否则，为突出危险工作面。

（3）R 值指标法

采用 R 值指标法预测煤巷掘进工作面突出危险性时，应按下列步骤进行：

①预测钻孔的布置方式同钻屑指标法。

②预测钻孔从深度为 2 m 处开始，每钻进 1 m 测定该 1 m 段的全部钻屑量 S，并在暂停钻进后 2 min 内测定钻孔瓦斯涌出初速度 q。测定钻孔瓦斯涌出初速度时，测量室的长度为 1 m。

③按式（3-2）计算各孔的 R 值：

$$R=(S_{max}-1.8)(q_{max}-4) \tag{3-2}$$

式中，S_{max}——每个钻孔沿孔长的最大钻屑量，L/m；

q_{max}——每个钻孔的最大钻孔瓦斯涌出初速度，L/min。

判定各煤层煤巷掘进工作面突出危险性的临界值应当根据试验考察确定，在确定前可暂按以下指标进行预测：当所有钻孔的 R 值小于 6 且未发现其他异常情况时，该工作面预测为无突出危险工作面；否则，为突出危险工作面。

3. 采煤工作面预测

相对煤巷掘进工作面而言，采煤工作面的突出危险性较小，对采煤工作面的突出危险性预测，可参照煤巷掘进工作面预测方法进行。但应当沿采煤工作面每隔 10～15 m 布置 1 个预测钻孔，深度 5～10 m，除此之外的各项操作均与煤巷掘进工作面预测相同。

判定采煤工作面突出危险性的各项指标临界值应当根据试验考察确定，在确定前可参照煤巷掘进工作面预测的临界值。

第四节　煤与瓦斯突出防治技术措施

防突措施可分为两类：区域防突措施和工作面防突措施。

区域防突措施是指在突出煤层进行采掘前，对突出危险区煤层较大范围采取的防突措施。区域防突措施包括开采保护层和预抽煤层瓦斯两类。煤矿应当根据生产和地质条件合理选取区域防突措施。突出煤层突出危险区必须采取区域防突措施，严禁在区域防突措施效果未达到要求的区域进行采掘作业。

工作面防突措施是针对经工作面预测有突出危险的煤层实施的局部防突措施，其有效作用范围一般仅限于当前工作面周围的较小范围。该类技术措施主要有超前钻孔预抽瓦斯、超前钻孔排放瓦斯、金属骨架、煤体固化、水力冲孔等。

一、区域防突措施

1. 开采保护层

在突出矿井中，预先开采的，能使其他相邻的有突出危险的煤层受到采动影响而减少或丧失突出危险的煤层称为保护层，后开采的煤层称为被保护层。按保护层与被保护层的相对位置关系，可将开采保护层分为上保护层和下保护层。保护层位于被保护层上方的叫上保护层，位于下方的叫下保护层，如图 3－4 所示。

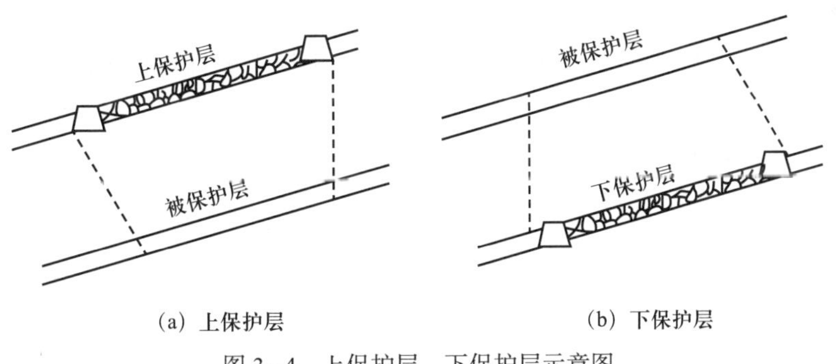

(a) 上保护层　　(b) 下保护层

图 3－4　上保护层、下保护层示意图

（1）选择保护层时应遵循的原则

具备开采保护层条件的突出危险区，必须开采保护层。选择保护层应当遵循下列原则：

①优先选择无突出危险的煤层作为保护层。矿井中所有煤层都有突出危险时，应当选择突出危险程度较小的煤层作为保护层。

②当煤层群中有几个煤层都可作为保护层时，优先选择开采保护效果最好的煤层。

③优先选择上保护层。选择下保护层开采时，不得破坏被保护层的开采条件。

④开采煤层群时，在有效保护垂距内存在厚度 0.5 m 及以上的无突出危险煤层的，除因与

突出煤层距离太近威胁保护层工作面安全或者可能破坏突出煤层开采条件的情况外，应当作为保护层首先开采。

（2）开采保护层的基本要求

开采保护层区域防突措施应当符合下列要求：

①开采保护层时，应当做到连续和规模开采，同时抽采被保护层和邻近层的瓦斯。

②开采近距离保护层时，必须采取防止误穿突出煤层和被保护层卸压瓦斯突然涌入保护层工作面的措施。

③正在开采的保护层采煤工作面必须超前于被保护层的掘进工作面，超前距离不得小于保护层与被保护层之间法向距离 h 的 3 倍，并不得小于 100 m，如图 3－5 所示。应当将保护层工作面推进情况在瓦斯地质图上标注，并及时更新。

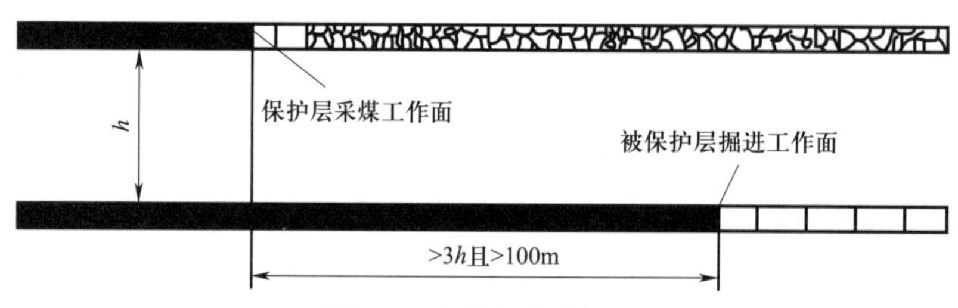

图 3－5 超前掘进示意图

④开采保护层时，采空区内不得留设煤（岩）柱。特殊情况需留煤（岩）柱时，必须将煤（岩）柱的位置和尺寸准确标注在采掘工程平面图和瓦斯地质图上，在瓦斯地质图上还应当标出煤（岩）柱的影响范围，在煤（岩）柱及其影响范围内的突出煤层采掘作业前，必须采取预抽煤层瓦斯区域防突措施。

当保护层留有不规则煤柱时，按照其最外缘的轮廓划出平直轮廓线，并根据保护层与被保护层之间的层间距变化，确定煤柱影响范围；在被保护层进行采掘作业期间，还应当根据采掘工作面瓦斯涌出情况及时修改煤柱影响范围。

（3）保护层的有效保护范围

开采保护层时，应当根据试验考察确定有效保护范围及有关参数。

首次开采保护层时，可按下面的方法确定沿倾斜方向的保护范围、沿走向（始采线、终采线）方向的保护范围、保护层与被保护层之间的最大保护垂距、开采下保护层时不破坏上部被保护层的最小层间距等参数。

1）沿倾斜方向的保护范围

保护层工作面沿倾斜方向的保护范围应当根据卸压角 δ 划定，如图 3－6 所示。

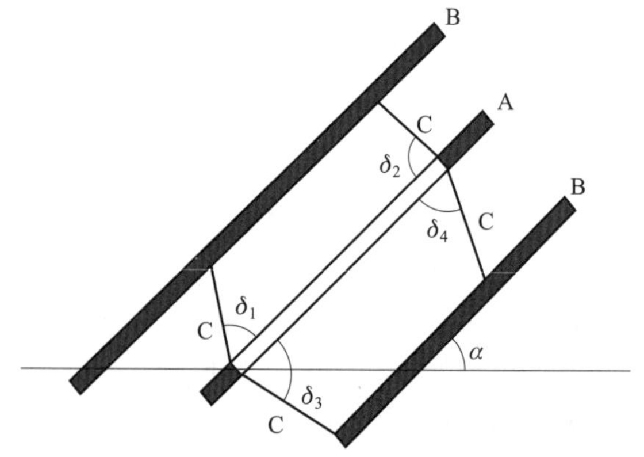

A—保护层；B—被保护层；C—保护范围边界线；α—煤层倾角

图 3－6 保护层工作面沿倾斜方向的保护范围

在没有该矿井实测的卸压角时，可参考表 3－7 的数据。

表 3－7　　保护层沿倾斜方向的卸压角

煤层倾角 α/（°）	卸压角 δ/（°）			
	δ_1	δ_2	δ_3	δ_4
0	80	80	75	75
10	77	83	75	75
20	73	87	75	75
30	69	90	77	70
40	65	90	80	70
50	70	90	80	70
60	72	90	80	70
70	72	90	80	72
80	73	90	78	75
90	75	80	75	80

2）沿走向方向的保护范围

若保护层采煤工作面停采时间超过 3 个月且卸压比较充分，则该保护层采煤工作面对被保护层沿走向的保护范围对应于始采线、采止线以及所留煤柱边缘位置的边界线可按卸压角 $\delta_5=56°\sim60°$ 划定，如图 3－7 所示。

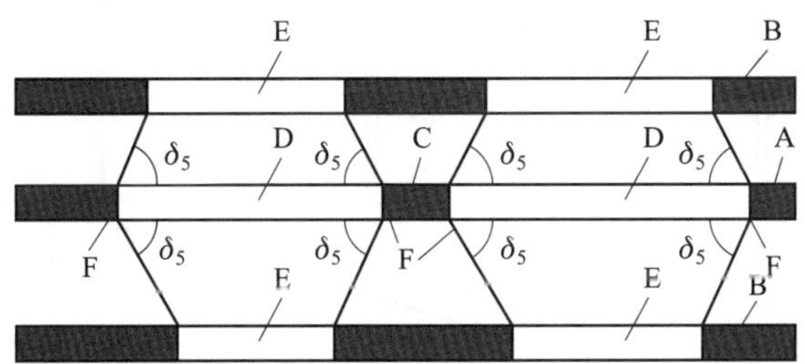

A—保护层；B—被保护层；C—煤柱；D—采空区；E—保护范围；F—始采线、采止线

图 3－7　保护层工作面始采线、采止线和煤柱的影响范围

3）最大保护垂距

保护层与被保护层之间的最大保护垂距可参照表 3－8 选取或经过计算确定。

表 3－8　　保护层与被保护层之间的最大保护垂距

煤层类别	最大保护垂距（结合抽采瓦斯）/m	
	上保护层	下保护层
急倾斜煤层	＜60	＜80
缓倾斜和倾斜煤层	＜50	＜100

4）开采下保护层的最小层间距

开采下保护层时，不破坏上部被保护层的最小层间距可参照式（3-3）或式（3-4）确定：

$$当\alpha<60°时，\ H=KM\cos\alpha \tag{3-3}$$

$$当\alpha\geqslant 60°时，\ H=KM\sin\left(\frac{\alpha}{2}\right) \tag{3-4}$$

式中，H——允许采用的最小间距，m；

M——保护层的开采厚度，m；

K——顶板管理系数，冒落法管理顶板时，K 取 10；充填法管理顶板时，K 取 6。

保护层开采后，在有效保护范围内的被保护层区域为无突出危险区，超出有效保护范围的区域仍然为突出危险区。

2. 预抽煤层瓦斯

预抽煤层瓦斯区域防突措施，按使用的工程类别可分为地面井预抽、穿层钻孔预抽、顺层钻孔预抽，其中穿层钻孔和顺层钻孔按控制的区域种类和大小，又可分成若干种形式。

（1）地面井预抽煤层瓦斯

地面井预抽煤层瓦斯（如图 3-8 所示）区域防突措施应当符合下列要求：

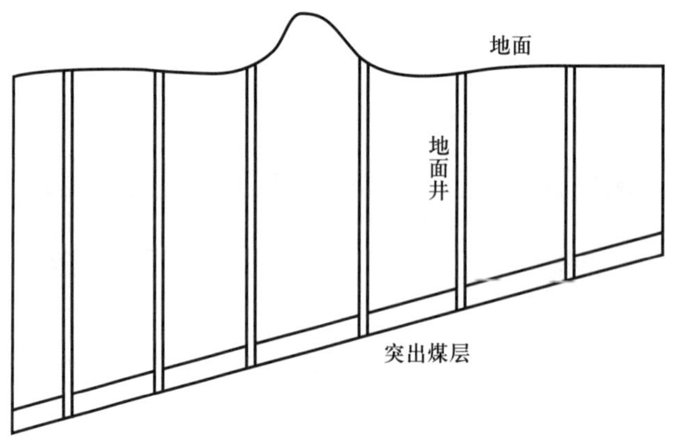

图 3-8　地面井预抽煤层瓦斯示意图

①地面井的井型和位置应当根据开拓部署及井下采掘布置进行选择和设计，不应影响后期井下采掘作业。

②钻井时应当对预抽煤层瓦斯含量进行测定。

③每口地面井预抽煤层瓦斯量应当准确计量。

④地面井预抽煤层瓦斯区域开拓准备工程施工前应当测定预抽区域煤层残余瓦斯含量。

（2）穿层钻孔或顺层钻孔预抽区段煤层瓦斯

穿层钻孔或者顺层钻孔预抽区段煤层瓦斯（如图 3-9、图 3-10 所示）区域防突措施的钻孔应当控制区段内整个回采区域、两侧回采巷道及其外侧如下范围内的煤层：倾斜、急倾斜煤层巷道上帮轮廓线外至少 20 m（均为沿煤层层面方向的距离，下同），下帮至少 10 m；其他煤层为巷道两侧轮廓线外至少各 15 m。

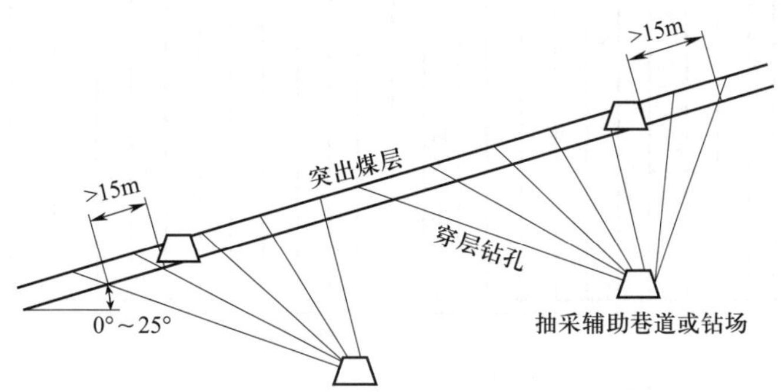

图 3－9　穿层钻孔预抽区段煤层瓦斯示意图

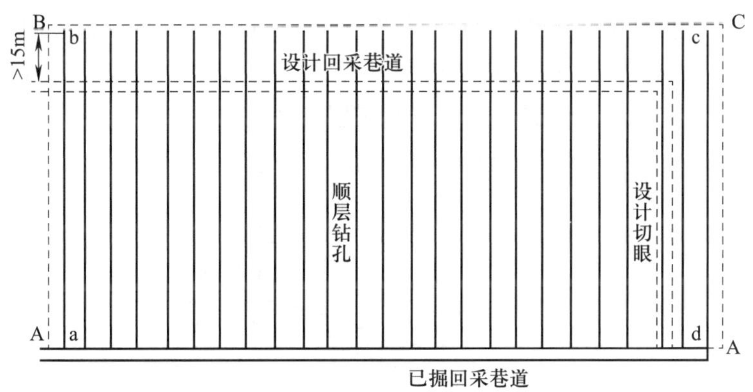

图 3－10　顺层钻孔预抽区段煤层瓦斯示意图

（3）穿层钻孔或顺层钻孔预抽回采区煤层瓦斯

穿层钻孔或顺层钻孔预抽回采区域煤层瓦斯（如图 3－11、图 3－12 所示）区域防突措施的钻孔应当控制整个回采区域的煤层。具备条件的，井下预抽煤层瓦斯钻孔应当优先采用定向钻机施工。

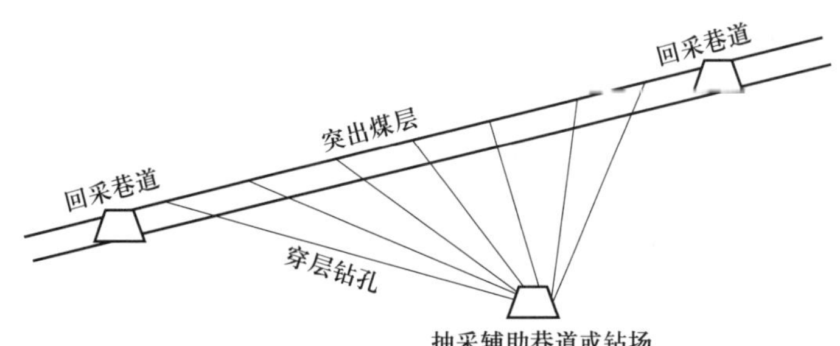

图 3－11　穿层钻孔预抽回采区域煤层瓦斯示意图

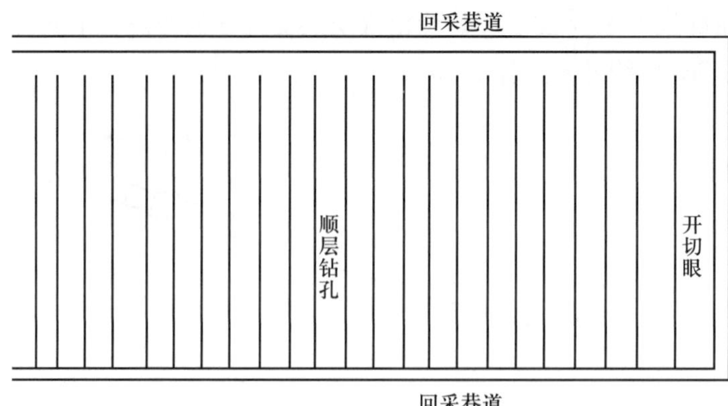

图 3-12　顺层钻孔预抽回采区域煤层瓦斯示意图

（4）穿层钻孔预抽井巷揭煤区域煤层瓦斯

穿层钻孔预抽井巷揭煤区域煤层瓦斯（如图 3-13 所示）区域防突措施的钻孔应当在揭煤工作面距煤层最小法向距离 7 m 以前实施，并用穿层钻孔至少控制以下范围的煤层：石门和立井、斜井揭煤处巷道轮廓线外 12 m（急倾斜煤层底部或者下帮 6 m），同时还应当保证控制范围的外边缘到巷道轮廓线（包括预计前方揭煤段巷道的轮廓线）的最小距离不小于 5 m。

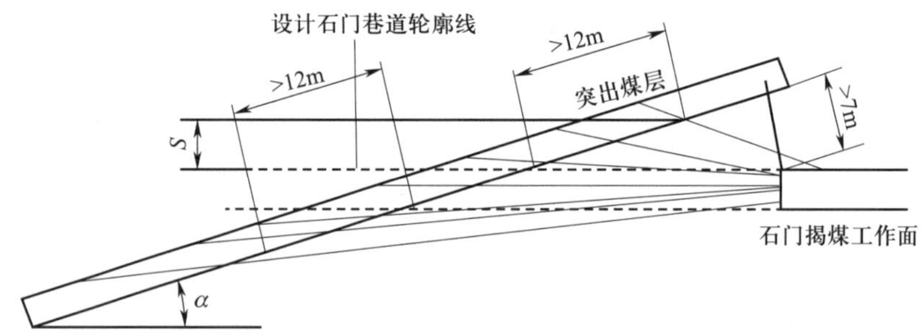

图 3-13　穿层钻孔预抽井巷揭煤区域煤层瓦斯示意图

当区域防突措施难以一次施工完成时，可分段实施，但每一段都应当能保证揭煤工作面到巷道前方至少 20 m 之间的煤层内，区域防突措施控制范围符合上述要求。

（5）穿层钻孔预抽煤巷条带煤层瓦斯

穿层钻孔预抽煤巷条带煤层瓦斯（如图 3-14 所示）区域防突措施的钻孔应当控制整条煤层巷道，及其两侧一定范围的煤层。该范围为：倾斜、急倾斜煤层巷道上帮轮廓线外至少 20 m，下帮至少 10 m；其他煤层为巷道两侧轮廓线外至少各 15 m。

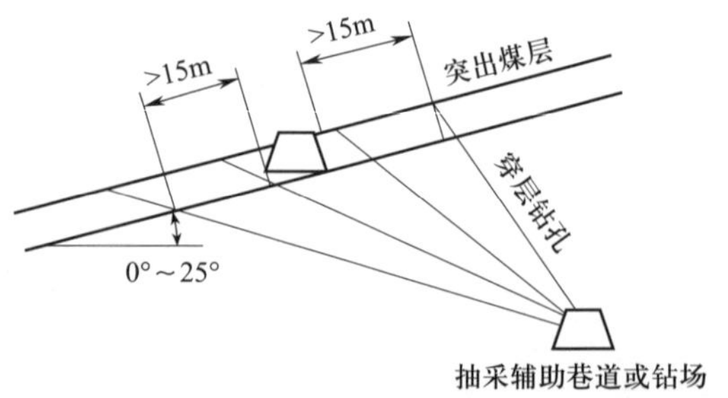

图 3-14　穿层钻孔预抽煤巷条带煤层瓦斯示意图

（6）顺层钻孔预抽煤巷条带煤层瓦斯

顺层钻孔预抽煤巷条带煤层瓦斯（如图 3-15 所示）区域防突措施的钻孔应当控制煤巷条带前方长度不小于 60 m，煤

巷两侧控制范围为：倾斜、急倾斜煤层巷道上帮轮廓线外至少 20 m，下帮至少 10 m；其他煤层为巷道两侧轮廓线外至少各 15 m。

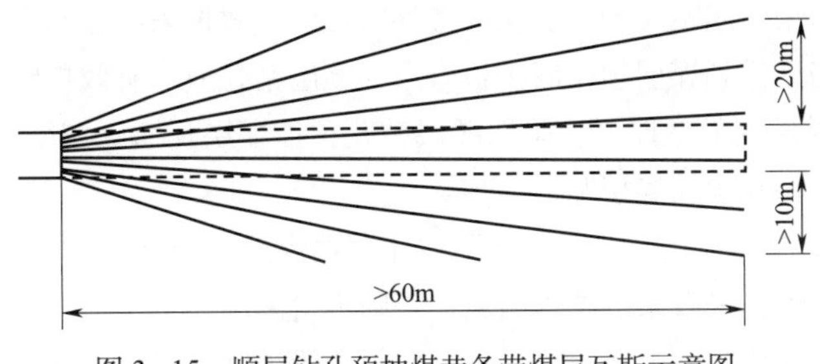

图 3－15　顺层钻孔预抽煤巷条带煤层瓦斯示意图

采用顺层钻孔预抽煤巷条带煤层瓦斯作为区域防突措施时，钻孔预抽煤层瓦斯的有效抽采时间不得少于 20 天；如果在钻孔施工过程中发现有喷孔、顶钻等动力现象，有效抽采时间不得少于 60 天。

有下列条件之一的突出煤层，不得将顺层钻孔预抽煤巷条带煤层瓦斯作为区域防突措施：

①新建矿井经建井前评估有突出危险的煤层，首采区未按要求测定瓦斯参数并掌握瓦斯赋存规律的。

②历史上发生过单次突出强度大于 500 t 的。

③开采范围内煤的坚固性系数 $f<0.3$ 的；f 为 0.3～0.5，且埋深大于 500 m 的；f 为 0.5～0.8，且埋深大于 600 m 的；煤层埋深大于 700 m 的；煤巷条带位于开采应力集中区的。

④煤层瓦斯压力 $P\geqslant1.5$ MPa 或者瓦斯含量 $W\geqslant15$ m^3/t 的区域。

（7）定向长钻孔预抽煤巷条带煤层瓦斯

定向长钻孔预抽煤巷条带煤层瓦斯（如图 3－16 所示）区域防突措施的钻孔应当采用定向钻进工艺施工预抽钻孔，且钻孔应当控制煤巷条带煤层前方长度不小于 300 m，和煤巷两侧轮廓线外一定范围。该范围为：倾斜、急倾斜煤层巷道上帮轮廓线外至少 20 m，下帮至少 10 m；其他煤层为巷道两侧轮廓线外至少各 15 m。

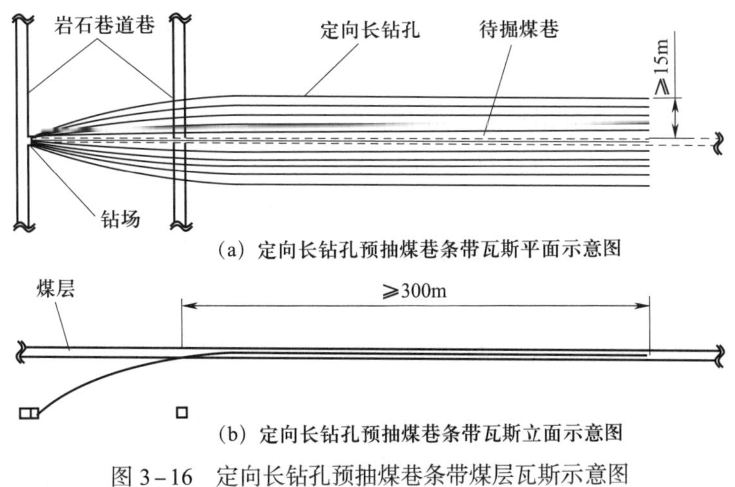

（a）定向长钻孔预抽煤巷条带瓦斯平面示意图

（b）定向长钻孔预抽煤巷条带瓦斯立面示意图

图 3－16　定向长钻孔预抽煤巷条带煤层瓦斯示意图

（8）注意事项

预抽煤层瓦斯作为区域防突措施时，应遵守以下规定：

①预抽煤层瓦斯钻孔间距应当根据实际考察的煤层有效抽采半径确定。

②穿层钻孔应当钻进到煤层顶（底）板岩层，顺层钻孔应当有效控制煤层全厚。

③厚煤层或者煤层明显变厚时，采取顺层钻孔预抽煤层瓦斯区域防突措施应当增加钻孔数量，或者采用穿层钻孔预抽煤层瓦斯。

④采用倾角大于或等于 25° 的下向顺层钻孔预抽煤层瓦斯区域防突措施时，应当采取有效防范钻孔积水、确保抽采效果的技术措施，否则不得采用。

⑤预抽瓦斯钻孔封堵必须严密。穿层钻孔的封孔段长度不得小于 5 m，顺层钻孔的封孔段长度不得小于 8 m。

二、工作面防突措施

工作面防突措施按其作业场所不同可分为井巷揭煤工作面防突措施、煤巷掘进工作面防突措施、采煤工作面防突措施等。

1. 井巷揭煤工作面防突措施

井巷揭煤工作面防突措施是指在揭穿有突出危险性煤层的作业过程中，所编制的防突施工设计和技术措施，包括超前钻孔（超前钻孔预抽瓦斯和超前钻孔排放瓦斯）、金属骨架、煤体固化、水力冲孔等。

（1）超前钻孔

超前钻孔预抽瓦斯和超前钻孔排放瓦斯在防治煤与瓦斯突出方面的作用机理方面是相同的，都是力求将突出煤层中的瓦斯含量与煤层中的应力降低到不能引发突出的安全范围内。超前钻孔预抽瓦斯和超前钻孔排放瓦斯的区别在于：前者借助机械产生的低于大气压力的负压，加速突出煤层中的瓦斯排放，而后者是靠突出煤层中的瓦斯压力，使瓦斯从钻孔周围深部煤层中不断地流向钻孔，并通过钻孔向矿井空气中扩散。钻孔周围煤层中瓦斯含量降低后，煤层发生收缩变形，可以改善工作面应力集中状态，并增加煤层的稳定性，这一切都破坏或减弱了发生突出所必需的条件，可有效地控制煤与瓦斯突出的发生。

（2）金属骨架

金属骨架是用于揭穿有突出危险煤层的一种超前支架，这种支架是将钢轨、型钢或钢管插入预先在工作面断面周边处布置的钻孔内，其前端深入煤层的顶板或底板岩石中，后端支撑在工作面的支架上。其主要作用是通过安装金属骨架的钻孔排除煤体中的一部分瓦斯并缓和煤体的应力状态并依靠金属骨架加强工作面前方煤体的稳定性。

金属骨架适用于急倾斜、厚度不大、松软的突出煤层（通常煤层厚度不超过 4 m，若煤层厚度大，骨架容易发生强烈的弯曲，起不到支撑煤体的作用）。

（3）煤体固化

井巷揭煤工作面煤体固化措施适用于松软煤层，其主要作用是增加揭穿煤层时工作面周围煤体的强度，改变煤体的力学性质，使其不易于发生突出。该措施能增强工作面附近煤体的承载能力和稳定性，但无法有效地卸除煤层或采掘工作面前方煤体的应力，也无法排除煤层或采掘工作面前方煤体中的瓦斯，所以该措施只能在一定程度上起到抑制突出发生的作用，其预防突出的能力是有限的，仅可作为一种预防突出的辅助配套措施。

（4）水力冲孔

水力冲孔是将水作为激发动力，在有控制的条件下诱导煤层突出能量释放。突出能量释放时会产生喷孔，排出大量煤水和瓦斯，使突出潜能降低。但需要注意的是，部分揭煤工作面特别是立井揭煤工作面，无法有效处理喷出的煤水和瓦斯，所以水力冲孔措施不适合所有揭煤工作面。

2. 煤巷掘进工作面防突措施

煤巷掘进工作面防突措施是指在有突出危险的煤巷掘进作业过程中，所编制的防突施工设计和技术措施，包括超前钻孔、松动爆破、水力疏松、前探支架等。

有突出危险的煤巷掘进工作面防突措施选择应当符合下列要求：

①优先选用超前钻孔（包括超前钻孔预抽瓦斯和超前钻孔排放瓦斯），采取超前钻孔排放措施的，应当明确排放时间。

②不得选用水力挤出（挤压）、水力冲孔措施；倾角在 8° 以上的上山掘进工作面不得选用松动爆破、水力疏松措施。

③采用松动爆破或者其他工作面防突措施时，必须经试验考察确认防突效果有效后方可使用。

④前探支架措施应当配合其他措施一起使用。

（1）超前钻孔

超前钻孔措施是在工作面向前方煤体打一定数量的钻孔，并始终保持钻孔有一定的超前距，使工作面前方煤体卸压，抽采或排放瓦斯，并增加煤层的稳定性，达到减弱和防止突出的目的。

（2）松动爆破

松动爆破措施是在较长的钻孔中采用药壶装药的方法进行爆破，以松动工作面前方爆破钻孔附近的煤体，使这部分煤体在松动爆破的作用下产生裂隙并卸压，为煤体中瓦斯的顺利排放创造条件，从而降低煤层突出危险。

深孔松动爆破对煤体的破坏性较大，甚至有可能诱发突出，因此，爆破时必须采取撤人、停电、设警戒和反向风门、远距离爆破等安全措施，并在爆破 30 min 后方能进入工作面检查。该措施必须经试验考察确认防突效果有效后方可使用。

（3）水力疏松

水力疏松措施是向煤体施工注水孔，再向煤体内注入高压水，注水后煤体的力学性质发生改变，弹性变形转变为塑性变形，煤体受力后变形量增加，工作面附近的应力分布状态出现变化，卸压区增大，应力集中点向工作面的深部转移，从而实现消除突出危险的目的。

（4）前探支架

前探支架可用于松软煤层的平巷掘进工作面。一般是向工作面前方施工钻孔，孔内插入钢管或者钢轨，形成超前支护，防止工作面顶部悬煤垮落而造成突出（倾出）。

该防突措施主要是依靠插入的钢管或钢轨，加强工作面前方煤体的稳定性。同时，通过安装钢管或钢轨的钻孔，排放钻孔附近煤体瓦斯及缓和煤体的应力状态。

钻孔的长度可按两次掘进循环的长度再加 0.5 m，每掘进一次施工一排钻孔，形成两排钻孔交替前进，钻孔间距为 0.2～0.3 m。

3. 采煤工作面防突措施

采煤工作面防突措施是指在有突出危险的采煤作业过程中，所编制的防突施工设计和技术措施，包括超前钻孔、松动爆破、浅孔注水湿润煤体等。

（1）超前钻孔

采煤工作面采用超前钻孔作为工作面防突措施时，钻孔直径一般为 75～120 mm，钻孔在控制范围内应均匀布置，在煤层的软分层中可适当增加钻孔数；超前钻孔的孔数、孔底间距等应当根据钻孔的有效排放或者抽放半径确定。

（2）松动爆破

采煤工作面的松动爆破防突措施适用于煤质较硬、围岩稳定性较好的煤层。松动爆破孔间距根据实际情况确定，一般 2～3 m，孔深不小于 5 m，炮泥封孔长度不得小于 1 m；应当适当控制装药量，以免孔口煤壁垮塌。松动爆破时，应当按远距离爆破的要求执行。

（3）浅孔注水湿润煤体

采煤工作面浅孔注水湿润煤体措施可用于煤质较硬的突出煤层。注水孔间距和注水压力等根据实际情况考察确定，但孔深不小于 4 m，注水压力不得高于 10 MPa。当发现水由煤壁或者相邻注水钻孔中流出时，即可停止注水。

第五节　煤与瓦斯突出防治措施效果检验

实践证明，任何一种防突措施均只在一定的矿山地质条件下有效，当条件发生变化时，如遇到突出危险煤层采掘中常见的构造破坏，就可能失效；而在大多数情况下，地质构造带又不能事先预测出来，这就决定了必须对采取的防突措施在实际条件下的防突效果进行检验。

一、区域防突措施效果检验

1. 开采保护层的防突效果检验

（1）检验指标

开采保护层区域防突措施的效果也称保护效果。开采保护层的保护效果检验主要采用残余瓦斯压力、残余瓦斯含量及其他经试验证实有效的指标和方法。

（2）检验结果的判断

采用残余瓦斯压力、残余瓦斯含量检验的，应当根据实测的最大残余瓦斯压力或者最大残余瓦斯含量，按区域突出危险性预测的指标要求对被保护区域的保护效果进行检验。若检验结果仍为突出危险区，保护效果为无效。

2. 预抽煤层瓦斯的防突效果检验

（1）检验指标

采用预抽煤层瓦斯区域防突措施的，必须对区域防突措施效果进行检验，检验指标优先采用残余瓦斯含量指标，根据现场条件也可采用残余瓦斯压力或者其他经试验证实有效的指标和方法进行检验。

采用穿层钻孔预抽井巷揭煤区域煤层瓦斯区域防突措施时，也可以采用钻屑瓦斯解吸指标进行措施效果检验。

检验期间还应当观察、记录在煤层中进行钻孔施工等作业时发生的喷孔、顶钻、卡钻及其他突出预兆。

（2）检验结果的判断

对预抽煤层瓦斯区域防突措施进行检验时，应当根据经试验考察确定的临界值进行评判，在检验过程中有喷孔、顶钻等动力现象时，判定区域防突措施无效，该预抽区域为突出危险区；否则预抽措施有效，该区域为无突出危险区。

若检验指标达到或者超过临界值，或者出现喷孔、顶钻及其他明显突出预兆时，则以此检验测试点或者发生明显突出预兆的位置为中心，半径 100 m 范围内的区域判定为措施无效，仍为突出危险区。

穿层钻孔预抽井巷揭煤区域煤层瓦斯区域防突措施采用钻屑瓦斯解吸指标进行检验的，如果所有实测的指标值均小于临界值且没有喷孔、顶钻等动力现象，判定区域防突措施有效，否则措施无效。

二、工作面防突措施效果检验

工作面执行防突措施后，必须对防突措施效果进行检验。工作面防突措施效果检验必须包括两部分内容：一是检查所实施的工作面防突措施是否达到了设计要求和满足有关规章、标准等规定，并了解、收集工作面及实施措施的相关情况、突出预兆等（包括喷孔、顶钻等），作为措施效果检验报告的内容之一，用于综合分析、判断。二是各检验指标的测定情况及主要数据。

1. 井巷揭煤工作面防突措施效果检验

对井巷揭煤工作面进行防突措施效果检验时，应当选择钻屑瓦斯解吸指标法，或者其他经试验证实有效的方法，但所有用钻孔方式检验的方法中检验孔数均不得少于 5 个，分别位于井巷的上部、中部、下部和两侧。

如果工作面措施检验结果的各项指标都在该煤层突出危险临界值以下，且未发现其他异常情况，则措施有效；否则，判定为措施无效，必须重新执行区域综合防突措施或者局部综合防突措施。

2. 煤巷掘进工作面防突措施效果检验

煤巷掘进工作面执行防突措施后，应当选择适用于煤巷掘进工作面突出危险性预测的方法进行措施效果检验。检验孔应当不少于 3 个，深度应当小于或者等于防突措施钻孔。

如果煤巷掘进工作面措施效果检验指标均小于指标临界值，且未发现其他异常情况，则措施有效；否则，判定为措施无效，必须重新执行区域综合防突措施或者局部综合防突措施。

3. 采煤工作面防突措施效果检验

对采煤工作面防突措施效果的检验应当参照采煤工作面突出危险性预测的方法和指标实施。但应当沿采煤工作面每隔 10～15 m 布置 1 个检验钻孔，深度应当小于或者等于防突措施钻孔。

如果采煤工作面检验指标均小于指标临界值，且未发现其他异常情况，则措施有效，为无突出危险工作面；否则，判定为措施无效，必须重新执行区域综合防突措施或者局部综合防突措施。

第六节　安全防护措施

安全防护措施是综合防突措施的重要组成部分，其目的是在突出预测失误或防突措施失效发生突出时，避免或减少突出事故造成的人员伤亡。

井巷揭穿突出煤层和在突出煤层中进行采掘作业时，必须采取反向风门、压风自救装置、远距离爆破、避难硐室等安全防护措施。

一、反向风门

反向风门是为防止突出时瓦斯逆流进入风道而设置的通风设施。工作人员进入工作面时必须把反向风门打开、顶牢，固定于开启状态，否则，发生突出时，在突出气流的作用下，工作面的作业人员无法打开反向风门，极大地增加了逃生的难度。

反向风门的设置与构筑，应符合以下要求：

①在突出煤层的井巷揭煤、煤巷和半煤岩巷掘进工作面进风侧，必须设置至少 2 道牢固可靠的反向风门。风门之间的距离不得小于 4 m。

②工作面爆破作业或者无人时，反向风门必须关闭，以防止突出的有毒有害气体进入进风流。

③反向风门距工作面的距离和反向风门的组数，应当根据掘进工作面的通风系统和预计的突出强度确定，但反向风门距工作面回风巷不得小于 10 m，与工作面的最近距离一般不得小于 70 m，如小于 70 m 时应设置至少三道反向风门。

④反向风门墙垛可用砖、料石或者混凝土砌筑，嵌入巷道周边岩石的深度可根据岩石的性质确定，但不得小于 0.2 m；墙垛厚度不得小于 0.8 m。在煤巷构筑反向风门时，风门墙体

四周必须掏槽，掏槽深度见硬帮硬底后再进入实体煤不小于 0.5 m。

⑤通过反向风门墙垛的风筒、水沟、刮板输送机道等，必须设有逆向隔断装置。

二、压风自救装置

压风自救装置是一种固定在生产场所附近的固定式自救装置，其气源由生产动力系统（压缩空气管路系统）供给，主要为现场工作人员在遇到事故时供给空气，防止出现窒息事故。

压风自救系统应当达到下列要求：

①压风自救装置安装在掘进工作面巷道和采煤工作面巷道内的压缩空气管道上。

②距采掘工作面 25～40 m 的巷道内、起爆地点、撤离人员与警戒人员所在的位置以及回风巷有人作业处等地点都应当至少设置一组压风自救装置。在长距离的掘进巷道中，应当每隔 200 m 至少安设一组压风自救装置，并在实施预抽煤层瓦斯区域防突措施的区域，根据实际情况增加压风自救装置的设置组数。

③每组压风自救装置应当可供 5～8 人使用，平均每人的压缩空气供给量不得少于 0.1 m^3/min。

三、远距离爆破

远距离爆破安全防护措施的目的是在爆破作业时，工作人员远离爆破作业地点，使突出物和突出时发生的瓦斯逆流波及不到起爆地点（即爆破员操作爆破的地点），以保证作业人员的安全。井巷揭穿突出煤层和突出煤层的炮掘、炮采工作面必须采取远距离爆破安全防护措施。

采用远距离爆破应符合以下要求：

①井巷揭煤采用远距离爆破时，必须明确起爆地点、避灾路线、警戒范围，制定停电撤人等措施。

②井巷揭煤起爆及撤人地点必须位于反向风门外且距工作面 500 m 以上全风压通风的新鲜风流中，或者距工作面 300 m 以外的避难硐室内。

③在矿井尚未构成全风压通风的建井初期，在井巷揭穿有突出危险煤层的全部作业过程中，与此井巷有关的其他工作面必须停止工作。在实施揭穿突出煤层的远距离爆破时，井下全部人员必须撤至地面，井下必须全部断电，立井井口附近地面 20 m 范围内或者斜井井口前方 50 m、两侧 20 m 范围内严禁有任何火源。

④煤巷掘进工作面采用远距离爆破时，起爆地点必须设在进风侧反向风门之外的全风压通风的新鲜风流中或者避难硐室内，起爆地点距工作面爆破地点的距离应当在措施中明确，由煤矿总工程师根据曾经发生的最大突出强度等具体情况确定，但不得小于 300 m；采煤工作面起爆地点到工作面的距离由煤矿总工程师根据具体情况确定，但不得小于 100 m，且位于工作面外的进风侧。

⑤远距离爆破时，回风系统必须停电撤人。爆破后，进入工作面检查的时间应当在措施

中明确规定，但不得小于 30 min。

四、避难硐室及其他防护措施

1. 避难硐室

突出矿井必须建设采区避难硐室，采区避难硐室必须接入矿井压风管路和供水管路，满足避险人员的避险需要，额定防护时间不低于 96 h。

突出煤层的掘进巷道长度及采煤工作面推进长度超过 500 m 时，应当在距离工作面 500 m 范围内建设临时避难硐室或者其他临时避险设施。临时避难硐室必须设置向外开启的密闭门或者隔离门（隔离门按反向风门设置标准安设），接入矿井压风管路，并安设压风自救装置，设置与矿调度室直通的电话，配备足量的饮用水及自救器。

2. 其他防护措施

（1）突出矿井的入井人员必须随身携带隔离式自救器。

（2）为降低因爆破诱发突出的强度，可根据情况在炮掘工作面安设挡栏。

技能实训六　突出危险性预测常用指标的测定

一、实训目标

学会使用 WTC 瓦斯突出参数仪、TWY 突出危险预报仪、MD−2 型煤钻屑瓦斯解吸仪等仪器测定突出危险性预测指标的方法和步骤，培养动手操作能力和团队合作能力。

二、任务描述

煤与瓦斯突出危险性预测指标的测定主要是对煤层及其瓦斯特性的综合评估，以确定煤层发生煤与瓦斯突出的可能性。突出危险性预测指标测定任务涉及多个关键指标的测定和分析，以及对这些指标的综合应用，以准确评估煤层发生煤与瓦斯突出的可能性。煤与瓦斯突出的预测不仅是为了预防事故，还是安全管理和质量管控的重要组成部分。通过区域和局部突出危险性预测，可以更科学地对突出煤层进行差别化管理，在无突出危险区域减少防突措施的人力和物力投入，有利于缓解采掘接替紧张局面。

三、任务准备

（1）备齐并检查所需的 WTC 瓦斯突出参数仪、TWY 突出危险预报仪、MD−2 型煤钻屑瓦斯解吸仪等仪器设备及配套装置。

（2）学习井巷揭煤工作面、煤巷掘进工作面、采煤工作面常用的突出危险性预测方法、步骤及指标参考临界值。

（3）学习使用各种突出预测仪器设备测算各种指标的操作方法、步骤和注意事项。

四、知识要点

1. WTC 瓦斯突出参数仪

（1）仪器功能

WTC 瓦斯突出参数仪是一种便携式矿用本质安全型仪器，主要用于测定钻屑瓦斯解吸指标 K_1 值，测定的所有数据都可存储、显示、打印、传输。仪器具有测量数据永久保存、背光液晶显示、中文菜单提示、电池电量和实时时钟显示等功能。

（2）仪器操作步骤

1）地面准备工作

①检查仪器是否完好；打开仪器电源开关，检查显示电量是否充足；各按键是否灵敏、可靠。

②检查仪器配件是否齐全、完好，重点检查煤样罐（罐内煤样杯及托架）、胶管、秒表、分样筛、备用密封圈等。

2）测定步骤

①到达现场后，选择安全、干燥的地点将仪器平稳放置，连接好参数仪与煤样罐，接通电源预热。

②下井开始本班次的测量工作时，应将上一个班次的测量数据清除掉，否则，当测量数据超过 3 组时，仪器将不执行测量工作，即使不超过 3 组，也会与上一个班次的测量数据产生混淆。

③选择工作面，预置解吸指标 K_1 和钻屑量指标 S_{max} 的临界值。

④接粉：钻孔每钻进 2 m，用 1 mm 和 3 mm 的组合筛子（1 mm 筛在下、3 mm 筛在上）在孔口接煤粉，接煤粉的同时启动秒表计时；充分筛分后迅速装入煤样罐中，并用筛子刮平，使装入煤样体积和煤样罐容积一致，然后拧紧罐盖，松开盖上阀门；当秒表计时时间到达预定值 t_0 时（t_0 一般应取 1 min、1.5 min、2 min，不足 1 min 的，需等够 1 min，以此类推，但不应超过 2 min，否则此煤样作废），拧紧盖上阀门的同时按照仪器菜单提示按相应数字键执行"开始测量"功能，即可开始该煤样的瓦斯解吸指标 K_1 值的测量。

⑤测定：在仪器菜单提示下执行"开始测量"功能，显示提示字符"测量 K_1 值"，表示开始测量解吸指标 K_1 值。然后间隔一定时间采样并显示压力值"压力：XXXXX Pa"，测量完成后，要求输入测量前秒表计时的时间 t_0（单位：min）和取煤样时的钻孔深度（单位：m），按确认后显示 K_1 值，该煤样测量完毕。

⑥预报：测量完一个工作面的数据后，可选择"继续测量"和"预报结果"功能，当选择"预报结果"功能后即要求选择是否有动力现象，按相应数字键选择后，仪器将自动进行该工作面的突出危险预报。

2. TWY 突出危险预报仪

（1）仪器功能

TWY 突出危险预报仪是测量钻孔瓦斯涌出初速度、钻孔瓦斯涌出衰减系数和解吸瓦斯压力的仪器，具有数据测量、处理、存储、显示等功能。同时，仪器具有钻孔瓦斯连续流量测量功能，可用于钻孔自然流量测定、排放瓦斯钻孔有效影响半径考察等。

（2）工作原理

通过给封孔器的胶囊充气，胶囊膨胀后密封煤壁，达到封孔的目的，封闭在测量室的钻孔瓦斯通过节流管涌出。TWY 突出危险预报仪采用微压力传感器，把煤层钻孔中涌出的瓦斯经节流装置产生的压力差转换成电信号，由主机放大，经嵌入式微处理器计算后，可快速、准确地测出钻孔瓦斯涌出初速度。

（3）测定步骤

1）地面准备工作

①检查仪器是否完好；打开仪器电源开关，检查显示电量是否充足；各按键是否灵敏、可靠。

②检查仪器配件是否齐全，包括 3 个不同型号的喷嘴（1#：0～5 L/min、2#：3.5～14.5 L/min、3#：12～50 L/min）、节流管、取压胶管、封孔器（包括测量室管）、打气筒、备用封孔胶囊等。

2）测定步骤

①到达现场后，选择安全、干燥地点将仪器平稳放置，接通电源预热。

②认真检查每一根测杆，保持测杆及接头的畅通。

③钻孔施工至预定深度后，迅速将钻杆拉出，快速将连接好测杆的封孔器推至钻孔底部，用打气筒打压封住孔。

④封完孔后，把拧上喷嘴的节流管与封孔器瓦斯导管末端连接，用取压管把节流管的取压嘴与仪器的测压嘴连接，一般先使用 2# 喷嘴，仪器第 1 位显示的喷嘴号必须与喷嘴上的标号一致。如果不一致，可按“调零”键改变仪器显示的喷嘴号，使其一致。按“初速度”键，仪器的提示符“b”开始闪烁并显示瞬时流量，如果瓦斯流量过大或过小，超出该喷嘴的测量范围，仪器会提示更换喷嘴；更换喷嘴后仪器将自动恢复初速度测量，测量 1 min 后，提示符“b”停止闪烁，测量完成，显示器显示的数字即钻孔瓦斯涌出初速度。测量完毕后，结果自动存入内存，关机也不会丢失。

3）注意事项

①续接测杆时应确定快速接头是否连接到位并已锁定。

②仪器测量过程中喷嘴后方 0.5 m 内不能有障碍物阻挡气流。

③节流管和喷嘴应保持清洁，不能有污物；只能使用毛刷或缠有纱布的长柄工具清扫，以免擦伤节流管内壁和喷嘴。

④每台仪器所配的喷嘴只能用于该仪器，不可互换使用。

3. MD－2 型煤钻屑瓦斯解吸仪

（1）仪器功能

在井下石门揭煤和采掘工作面打钻，测定钻屑瓦斯解吸指标 Δh_2 值和 K_1 值，以确定工作面煤与瓦斯突出危险性。该仪器最大解吸量为 2 kPa。

（2）工作原理

在井下不对煤样进行人为脱气和充气条件下，利用煤钻屑中残存瓦斯压力（瓦斯含量），

向密闭的空间释放（解吸）瓦斯，用该空间体积和压力（以水柱计压差表示）变化来表征煤样解吸出的瓦斯量。

（3）测定步骤

1）测定前的必要准备

①给水柱计注水，并将两侧液面调整至零刻度线。

②检查仪器的密封性能。一旦密封失效，必须更换新的密封圈。

③准备好配套装备，如秒表、分样筛等。

2）煤钻屑采样

在井巷揭煤工作面打钻时，每钻进 1 m 应采集 1 份煤钻屑样；在煤巷掘进工作面或采煤工作面，每钻进 2 m 应采集 1 份煤钻屑。钻孔进入预定采样深度时，启动秒表开始计时，当钻屑排出孔口时，用筛子在孔口处收集煤钻屑。经筛分后取粒度 1～3 mm（1 mm 筛在下、3 mm 筛在上）的煤样装入煤样罐中。煤样应装至煤样罐标志线位置（相当于煤样质量 10 g）。

3）测定操作步骤

①首先打开两通旋塞，然后将已装入煤样的煤样罐迅速放入解吸室中，拧紧解吸室上盖，打开三通旋塞，使解吸室与水柱计和大气连通，煤样处于暴露状态。

②当煤样暴露时间为 3 min 时，迅速逆时针方向旋转三通旋塞把手，使解吸室与大气隔绝，仅与水柱计连通，开始进行解吸测定，并重新开始计时。

③每隔 1 min 记录下解吸仪水柱计压力差，连续测定 10 min。

4）钻屑解吸指标确定

①钻屑解吸指标 Δh_2。钻屑解吸指标 Δh_2 为测定开始后第 2 min 末解吸仪水柱计的压差读数。该指标不需要计算，直接从解吸仪水柱计上读取。

②解吸指标 K_1 值。解吸指标 K_1 值为煤样自煤体脱落暴露后，第 1 分钟内每克煤样的累积瓦斯解吸量，按式（3－5）计算：

$$K_1 = \frac{Q + W_1}{\sqrt{t+3}} \tag{3-5}$$

式中，Q——煤样解吸测定开始后，t 时刻时解吸仪实测每克煤样的累积瓦斯解吸量，mL/g；

t——解吸测定时间，min；

W_1——解吸测定开始前，煤样在暴露时间内损失瓦斯量，mL/g。

对 MD－2 型煤钻屑瓦斯解吸仪，解吸量 Q 由式（3－6）计算：

$$Q = \frac{0.082\,1\Delta h}{10} \tag{3-6}$$

式中，Δh——测定开始后第 t 分钟末解吸仪水柱计压差读数，mm。

测定后首先按式（3－6）将水柱计读数换算为解吸量 Q，然后根据 10 min 解吸测定的 10 组数据，用作图法或最小二乘法求出 K_1 值。

五、实训过程

（1）实训前，由指导教师进行井巷揭煤工作面、煤巷掘进工作面和采煤工作面突出危险性预测方法的讲解和总结，对突出危险性预测指标测定仪器和配套装置的操作方法、步骤进行讲解和操作演示。

（2）备齐所需的 WTC 瓦斯突出参数仪、TWY 突出危险预报仪、MD－2 型煤钻屑瓦斯解吸仪等仪器设备及配套装置。

（3）按照规定的步骤及注意事项完成突出危险性预测指标的测定工作。

（4）由指导教师点评并总结操作过程和完成情况。

六、注意事项

（1）实训过程中，学生必须遵守操作规程，按照规定顺序进行操作。

（2）不得野蛮操作，不得损坏仪器设备。

（3）做好安全防护，实训过程中，谨防自身伤害及相互伤害事故。

（4）实训完成后，对所有仪器设备进行清洁，并按要求存放。

七、总结与思考

井巷揭煤工作面的突出危险性预测，可采用钻屑瓦斯解吸指标法进行；煤巷掘进工作面和采煤工作面的突出危险性预测，可采用钻屑指标法、复合指标法、*R* 值指标法进行。各种预测方法所涉及的指标中，钻屑瓦斯解吸指标 Δh_2 值通常选用 MD－2 型煤钻屑瓦斯解吸仪测定；钻屑瓦斯解吸指标 K_1 值通常选用 WTC 瓦斯突出参数仪测定；钻孔瓦斯涌出初速度通常选用 TWY 突出危险预报仪测定。

思考练习题

1. 什么是煤层瓦斯喷出？煤层瓦斯喷出有何危害？
2. 煤层瓦斯喷出的一般规律有哪些？
3. 预防和处理瓦斯喷出的措施，可概括为哪四个方面？其含义分别是什么？
4. 什么是煤与瓦斯突出？煤与瓦斯突出的基本特征有哪些？
5. 煤与瓦斯突出的一般规律有哪些？
6. 煤与瓦斯突出有何预兆？煤与瓦斯突出有何危害？
7. 工作面突出危险性预测方法有哪些？各指标的突出危险性参考临界值分别是多少？
8. 区域防突措施有哪些？工作面防突措施有哪些？

第四章

矿井瓦斯检测与监控

本章学习目标

1. 熟悉瓦斯爆炸的机理、危害、条件及其影响因素；
2. 掌握瓦斯爆炸的防治措施、防止爆炸扩大的措施；
3. 熟悉瓦斯浓度的有关规定；
4. 掌握瓦斯浓度的检测方法和步骤；
5. 了解矿井安全监控系统的组成；
6. 掌握甲烷传感器的设置与调校。

学习引导

矿井瓦斯管理的前提是掌握瓦斯的浓度，瓦斯浓度的检测与监控是获取瓦斯浓度信息的基本途径，是保证煤矿安全生产、防止瓦斯爆炸事故发生的重要措施，也是研究瓦斯涌出规律和评价瓦斯防治效果的基本依据。因此，掌握矿井瓦斯检测方法和瓦斯检测仪器仪表的使用，以及甲烷传感器的设置与调校等知识十分重要。

第一节　矿井瓦斯爆炸及其预防

一、瓦斯爆炸的机理及其危害

1. 瓦斯爆炸的形成

瓦斯爆炸是一定浓度的甲烷和空气中的氧气组成的爆炸性混合气体，在高温热源的作用下发生复杂的激烈氧化反应的结果。

2. 瓦斯爆炸的分类

根据瓦斯和氧气混合气体燃烧或爆炸时的火焰传播速度及冲击波压力，可将瓦斯爆炸分为速燃、爆燃和爆轰 3 种类型。

（1）速燃

速燃的火焰传播速度在 10 m/s 以内，冲击波压力在 0.015 MPa 以内，可以使人烧伤和引起火灾。

（2）爆燃

爆燃时的火焰速度在音速以内，一般为每秒几米至每秒几百米；冲击波压力超过 0.015 MPa，易使人烧伤和引起火灾。发生在煤矿井下的瓦斯爆炸一般属于较强烈的爆燃，具体的爆炸强度与瓦斯积聚的量、点火源的强度及爆炸发展过程中的巷道状况等有关。

（3）爆轰

爆轰时的火焰传播速度超过音速，可达每秒数千米；冲击波压力达数个至数十个标准大气压。根据爆轰波的理论，爆轰波由一个以超音速传播的冲击波和冲击波后被压缩、加热的气体构成的燃烧波组成。冲击波过后，紧随其后的燃烧波发生剧烈的化学反应，随着反应的进行，燃烧波的温度升高、密度和压力降低。

3. 瓦斯爆炸的效应及危害

瓦斯爆炸产生的主要效应有高温和高压、冲击波及有害气体。

（1）高温和高压

瓦斯爆炸是放热反应，爆炸发生的同时瞬间释放出大量的热，使爆炸地点的温度和压力骤然升高。

高温可造成人员大面积烧伤乃至死亡；引燃井巷的可燃物引起火灾；烧毁井下的设备设施；引爆井巷中具有爆炸性的混合物质（瓦斯、煤尘等）。高压对人体也有一定的伤害。

（2）冲击波

瓦斯爆炸产生的冲击波可分为直接冲击和反向冲击。瓦斯爆炸时产生的高温高压气体以极高的速度向外传播，形成高压冲击波，这种冲击波称为直接冲击。爆炸地点的气体高速向外冲出后，爆炸地点的气体温度会有所下降并伴有水蒸气的凝结，此时爆炸地点附近又会形成空气稀薄的低压区，因此冲出的气体又会以很快的速度返回爆炸地点，这种冲击波称为反向冲击。反向冲击的威力虽较直接冲击弱，但因其是沿着遭受直接冲击破坏的巷道反冲的，所以其破坏性往往比直接冲击更大。

爆炸冲击波能破坏巷道、设备设施，对灾区人员也有很强的杀伤力。除此之外，爆炸冲击波还可能引起二次爆炸甚至连续爆炸。

（3）有害气体

瓦斯爆炸能产生大量有害气体。一些矿井发生瓦斯爆炸后的气体各成分的体积分数大致为：氧气 6%～10%，氮气 82%～88%，二氧化碳 4%～8%，一氧化碳 2%～4%。如果有煤尘参与爆炸，一氧化碳的生成量将更大。据统计，在瓦斯爆炸事故中，一氧化碳中毒往往是造

成人员伤亡的主要原因。

二、瓦斯爆炸的条件及其影响因素

1. 瓦斯爆炸的条件

瓦斯爆炸必须具备三个基本条件：混合气体中的瓦斯浓度达到爆炸界限范围、存在高能量的点火源、有足够的氧气，三者缺一不可。

（1）瓦斯浓度

理论分析和试验研究表明，瓦斯浓度低于 5% 时，遇火只能燃烧而不能发生爆炸；瓦斯浓度在 5%～16% 时，混合气体具有爆炸性；瓦斯浓度大于 16% 时，混合气体既不能燃烧也不能爆炸，但是这种高浓度瓦斯具有潜在的爆炸危险，在混入新鲜空气之后有可能爆炸。

在正常空气中，瓦斯浓度为 9.5% 时，化学反应最完全，产生的温度和压力也最大，爆炸威力最强；瓦斯浓度为 7%～8% 时最容易爆炸，这个浓度称为瓦斯的最优爆炸浓度。

（2）点火源

瓦斯与点火源接触后，不是立即燃烧或爆炸，而是要经过一个很短的时间间隔，这种现象叫做引火延迟性，这段间隔的时间称为爆炸感应期。

正常大气条件下，能够引起瓦斯爆炸的点火源需具备的条件是：温度不低于 650 ℃，且持续时间大于爆炸感应期。煤矿井下的明火、煤炭自燃、电弧、电火花、炽热的金属、撞击火花、摩擦火花、静电火花、井下爆破特别是违章爆破以及采空区内砂岩悬顶冒落时产生的碰撞火花等，都能点燃或引爆瓦斯。

（3）氧气浓度

试验表明，混合气体中氧气浓度低于 12% 时，瓦斯就不再具有爆炸性。煤矿井下的封闭区域、采空区内及其他裂隙等处由于氧气被大量消耗且没有供氧条件，可能会出现氧气浓度低于 12% 的情况，其他巷道、工作场所等一般不存在氧气浓度低于 12% 的情况，因为在此条件下人员在短时间内就会窒息死亡。

2. 影响瓦斯爆炸性的主要因素

（1）可燃可爆气体的混入

空气中混入其他可燃可爆气体（如一氧化碳、硫化氢、氨气等）时，不仅增加了爆炸性气体的总浓度，而且会使瓦斯的爆炸下限降低，从而增加其爆炸危险性。

（2）浮游煤尘的混入

瓦斯混合气体中混入浮游煤尘时，不仅会增强瓦斯爆炸的猛烈程度，还会降低瓦斯的爆炸下限，这主要是因为在 300～400 ℃时，煤尘会干馏出可燃气体。试验表明，当浮游煤尘浓度（指单位体积空气所含浮游煤尘质量，单位为 g/m^3）为 5 g/m^3 时，瓦斯浓度（指瓦斯在空气中按体积计算占有的比率，以 % 表示）达到 3% 就具有爆炸性；当浮游煤尘浓度为 8 g/m^3 时，瓦斯浓度达到 2.5% 就具有爆炸性。

（3）惰性气体的混入

氮气或二氧化碳等惰性气体对瓦斯的爆炸具有抑制作用。试验表明，瓦斯混合气体中混入惰性气体不仅可以升高瓦斯爆炸的下限、降低上限，减小爆炸界限的范围，还可以降低氧气的浓度，并阻碍爆炸活化中心的形成。因此，可以人为在矿井火区或防爆区域内的空气中加入惰性气体，使燃烧减弱或使瓦斯混合气体失去爆炸性。

（4）环境初始温度的影响

温度是热能的体现，温度越高表明具有的能量越大。瓦斯混合气体氧化反应与环境的初始温度有很大的关系，环境初始温度越高，瓦斯混合气体氧化反应越快，爆炸范围越大。

三、煤矿井下瓦斯爆炸事故原因分析

由瓦斯爆炸的三个基本条件可知，瓦斯爆炸主要是三个因素促成的，即瓦斯积聚、点火源和管理不善。

瓦斯积聚和点火源是造成瓦斯爆炸的基本条件。管理不善（违章作业、违章指挥、违反劳动纪律、安全装备配置不足、安全技术措施不完善等）是造成瓦斯爆炸事故的人为因素。

1. 瓦斯积聚

瓦斯积聚是指在采掘工作面及其他巷道内，体积超过 0.5 m^3 的空间内积聚的瓦斯浓度达到 2% 的现象。瓦斯积聚是造成瓦斯爆炸的根源，对井下瓦斯状况不了解、矿井通风系统布置不合理、通风设施损坏等，都容易造成瓦斯积聚。煤矿井下造成瓦斯积聚的原因很多、很复杂，主要有以下几点：

（1）通风系统不合理、不可靠

未利用主要通风机形成全风压通风系统、通风设施不齐全、仅依靠自然通风、不符合规定的串联通风、扩散通风等，都是不合理通风，都可能引起瓦斯积聚。

（2）局部通风管理不善

①局部通风机停止运转。主要包括设备检修，无计划停电、停风；机电故障，掘进工作面停工停风；局部通风机管理混乱，随意开停等。

②局部通风机出现循环风。局部通风机安装的位置不符合规定或全风压供给风量小于该处局部通风机的吸入风量等，都可能使局部通风机出现循环风，致使掘进工作面的瓦斯反复回到掘进工作面。

③风筒断开或严重漏风。出现这种现象的原因主要是施工人员对通风设施的保护意识不足，将风筒掐断、压扁、刮坏等，而通风人员又不能及时发现并进行维护、修补，造成掘进工作面风量不足而导致瓦斯积聚。

（3）采空区或盲巷

凡不通风（包括临时停风的掘进区）长度大于 6 m 的独头巷道，统称为盲巷。

采空区和盲巷没有风流通过，往往会积存大量高浓度的瓦斯，当大气压发生变化或采空区发生大面积冒落时，这些区域的瓦斯会突然涌出，造成采掘空间的瓦斯积聚。

（4）瓦斯异常涌出

断层、褶曲或地质破碎带都是瓦斯的富集区域，当采掘工作面接近或通过这些区域时，瓦斯涌出量可能会突然增大，或忽大忽小变化无常，而且容易冒顶造成瓦斯积聚。

（5）其他原因

风流短路，采掘工作面风量不足，采煤工作面上隅角、采煤机切割机附近、采掘工作面的机组附近、刮板输送机底槽、巷道支架背后空间、巷道冒落空间等个别地点易积存瓦斯，也是导致瓦斯积聚的因素。

2. 点火源

在达到瓦斯爆炸界限的区域有点火源出现才能引起瓦斯爆炸事故。井下引爆瓦斯的主要点火源有以下几种。

（1）电火花

对井下照明和机械设备的电源及电气设备的管理不善或操作不当，如矿灯失爆、电钻失爆、带电作业、电缆漏电或短路、电缆接头处裸露、电气开关失爆、电机车架线出火产生的电火花，以及杂散电流等产生的电火花，是引起瓦斯爆炸的主要点火源之一。

（2）爆破火花

井下爆破作业产生的爆破火花也是引爆瓦斯的主要点火源。爆破火花主要是炮泥装填不合格、最小抵抗线（从装药重心到自由面的最短距离）过小、炸药不符合安全要求、放明炮、糊炮、电路连线不合格等引起的。

（3）摩擦和撞击火花

井下作业过程中引起摩擦和撞击产生火花的情形多种多样，如机械设备之间的摩擦、截齿与坚硬岩石之间的摩擦、坚硬顶板冒落时的撞击、金属表面之间的摩擦等，都可能产生火花而引爆瓦斯。随着煤矿井下机械化程度的不断提高，因机电设备摩擦和撞击出现火花而引起爆炸事故的风险也在逐渐增大。

（4）明火

井下严禁明火，但是由于种种因素的影响，井下明火引起的瓦斯爆炸事故屡禁不止。井下明火的来源主要有煤炭自然发火、井下电焊、吸烟等。

3. 管理不善

大量事实表明，多数瓦斯爆炸事故是由于管理不善造成某些作业人员，尤其是担负特殊工作的人员（爆破工、瓦斯检查工、电钳工等）不能尽职尽责、麻痹大意、违章违纪造成的。

四、防治矿井瓦斯爆炸的措施

防治瓦斯爆炸就是通过技术、管理等手段消除引发瓦斯爆炸的基本条件及限制爆炸火焰向其他区域传播，归纳起来主要有以下三个方面的措施。防止瓦斯积聚、防止引爆瓦斯和防止瓦斯爆炸灾害的扩大。

1. 防止瓦斯积聚

《煤矿安全规程》规定，矿井必须从设计和采掘生产管理上采取措施，防止瓦斯积聚；当发生瓦斯积聚时，必须及时处理。当瓦斯超限达到断电浓度时，班组长、瓦斯检查工、矿调度员有权责令现场作业人员停止作业，停电撤人。

（1）加强通风管理

①建立完善合理的矿井通风系统，生产水平和采（盘）区必须实行分区通风；采掘工作面应当实行独立通风，严禁 2 个采煤工作面之间串联通风。

②严格贯彻执行“以风定产”的基本原则，必须按实际供风量核定矿井产量，严禁超通风能力生产。

③及时构筑并管理好通风设施，控制风流的风门、风桥、风墙、风窗等设施必须可靠。

④加强局部通风管理，局部通风机和风筒的安装和使用必须符合规定，避免循环风。

（2）加强瓦斯检查和监测

①矿井必须建立瓦斯检查制度，瓦斯检查工必须执行瓦斯巡回检查制度和请示报告制度，并认真填写瓦斯检查班报。

②加强瓦斯监测监控设备的管理，经常做好设备的检修、维护工作，确保瓦斯监测监控设备的正常运行。

③加强瓦斯的综合治理，有《煤矿安全规程》规定的相应情况的矿井、采区和工作面，必须建立地面永久抽采瓦斯系统或者井下临时抽采瓦斯系统。

（3）及时处理局部积聚的瓦斯

生产中容易积聚瓦斯的地点包括采煤工作面上隅角、顶板冒落空洞、采煤机附近、刮板输送机底槽、顶板附近等。及时处理局部积聚的瓦斯是矿井日常瓦斯管理的重要内容，也是预防瓦斯爆炸事故，做好安全生产的关键工作。

1）采煤工作面上隅角瓦斯积聚的处理

处理采煤工作面上隅角瓦斯积聚的方法有很多，大致可以分为以下几种：

①处理采煤工作面上隅角瓦斯积聚的最根本措施，是合理选择工作面通风系统，如“Y”型通风系统可以很好地消除上隅角瓦斯积聚。

②采取风障引流法排放瓦斯，其实质是利用风障把新鲜风流引入采煤工作面上隅角，将该处积聚的瓦斯稀释并带走。该方法的优点是操作简单、快捷、经济；缺点是引入风量有限，且风流不稳定，增加了通风阻力，加剧了采空区漏风，影响工作面的作业空间。

③设置专用回风巷排放瓦斯。专用回风巷只可专门用于回风，不得作为运料、安设电气设备的巷道。这种方法的优点是不仅排除了上隅角的瓦斯，同时也降低了回风巷中的瓦斯浓度；缺点是增加了采空区的漏风，有可能导致煤炭自燃。

④通过向回风巷附近的采空区上部打钻孔，或在回风巷内安设抽采瓦斯管路并将其留存在采空区内（埋管），利用矿井抽采瓦斯系统将上隅角积聚的瓦斯抽出。

2）顶板冒落空洞瓦斯积聚的处理

在不稳定的煤岩中，无论是掘进巷道还是回采工作面，顶板冒落（冒顶）是经常出现的，冒顶会在巷道顶部形成空洞，有时空洞的范围可能很大。由于冒落空洞处通风不良，往往积存着高浓度的瓦斯。处理该处的瓦斯积聚可以采取以下方法：

①充填空洞法。充填空洞法大多是先在冒落空洞处的棚上铺上木板，再用沙土等不燃物质将冒落空洞填满，或用注浆泵将聚氨酯注入空洞内，使聚氨酯发泡膨胀，填满空洞，消除

积存瓦斯的空间。这种方法通常在冒落面积不大的情况下使用。

②引风吹散法。引风吹散法可分为风障引流法和分支风管法。当冒落面积不大，且巷道风速不低于 0.5 m/s 时，可采用风障引流法；当冒落面积较大，同时又有局部通风机送风的地点，可采用分支风管法（俗称风袖）。

③封闭抽采法。顶板冒落处瓦斯涌出量很大，巷道风量又不足时，若采用引风吹散法则排出的瓦斯会导致巷道风流瓦斯超限，此时可以封闭冒落空洞，向冒落空间内及周边裂隙带打钻孔，利用抽采系统对该区域瓦斯进行定点抽采。

3）采煤机附近瓦斯积聚的处理

采煤机在生产过程中不断破碎煤体，形成新鲜的煤层暴露面，加上采煤机附近通风不畅等原因，当开采瓦斯煤层时，采煤机附近经常出现高浓度瓦斯积聚的情况，其中，最容易积聚瓦斯地点是截割头附近和机体与煤壁之间。防止和处理采煤机附近积聚瓦斯的措施有：

①在采煤机上安装瓦斯自动检测报警断电仪，一旦瓦斯超限就切断电源，停止割煤。

②加大工作面风量，提高机道和采煤机附近的风速，以消除局部瓦斯积聚。

③当工作面风速不能满足防止采煤机附近瓦斯积聚时，应采用提高局部地点风速的办法，通常采用小型引射器加大采煤机附近的风速。

4）刮板输送机底槽瓦斯积聚的处理

开采瓦斯煤层时，刮板输送机底槽往往积聚着高浓度瓦斯，主要是底槽内滞留的煤粉涌出的瓦斯所致。防止和处理刮板输送机底槽积聚瓦斯的措施有：

①机头和机尾不要堆积过多的煤炭，减少底槽中的遗留煤粉量，保持底槽畅通，防止瓦斯积聚。

②保持输送机经常运转，即使工作面不出煤，隔一定时间也要运转一会儿输送机，以消除瓦斯积聚。

③有压风管路的工作面，可用压风吹散底槽中的积聚瓦斯。

④在链板上安装专用钢丝刷，以清除底槽中滞留的煤粉。

5）顶板附近瓦斯层状积聚的处理

如果瓦斯涌出量较大，且巷道风速较低（小于 0.5 m/s），在巷道顶板附近就容易形成瓦斯层状积聚。预防和处理瓦斯层状积聚的方法有：

①加大巷道的平均风速。一般认为，防止瓦斯层状积聚的平均风速不得低于 0.5 m/s。

②加大顶板附近的风速。如在顶梁下面加导风板将风流引向顶板附近；沿顶板铺设风筒，每隔一段距离接一短管；铺设接有短管的压风管，将积聚的瓦斯吹散；在瓦斯集中处装设引射器。

③将瓦斯源封闭隔绝。如果瓦斯的涌出量不大，可采用木板和黏土将其填实隔绝，或注入砂浆等凝固材料，堵塞较大的裂隙。

（4）抽采瓦斯

当矿井或某一区域的瓦斯涌出量较大，采用通风的方法已不能可靠地控制瓦斯浓度时，应采取抽采瓦斯的措施。

2. 防止引爆瓦斯

防止引爆瓦斯就是要严禁一切非生产火源，严格管理和限制生产中可能出现的热源，特别是容易积聚瓦斯的地点，更应该重点防范。

（1）加强管理，提高防火防爆意识

防止点火源的出现对矿井来说是一个需要严格管理的问题。在长期的生产中，要做到日日不松懈，班班严格执行机电、爆破、摩擦撞击、明火等防治规定和措施；提高井下作业人员和工程技术人员的素质，加强他们的防火防爆意识，贯彻执行有关规定，发现隐患和违章就严肃处理。

（2）防止明火

①入井人员严禁携带烟草和点火物品，严禁穿化纤衣服。

②井口房和通风机房附近 20 m 内，不得有烟火或者用火炉取暖。

③在井下和井口房，严禁采用可燃性材料搭设临时操作间、休息间。

④井下严禁使用灯泡取暖和使用电炉。

⑤井下和井口房内不得进行电焊、气焊和喷灯焊接等作业。如果必须在井下主要硐室、主要进风井巷和井口房内进行电焊、气焊和喷灯焊接等作业，每次必须制定专项安全措施，由矿长批准并遵守有关规定。

⑥井下使用的汽油、煤油必须装入盖严的铁桶内，由专人运送至使用地点，剩余的汽油、煤油必须运回地面，严禁在井下存放。井下使用的润滑油、棉纱、布和纸等，必须存放在盖严的铁桶内。用过的棉纱、布和纸，也必须放在盖严的铁桶内，并由专人定期送到地面处理，不得乱放乱扔。严禁将剩油、废油泼洒在井巷或者硐室内。

（3）防止爆破火花

①井上、井下接触爆炸物品的人员，必须穿棉布或者抗静电衣服。

②严格执行井下爆炸物品的储存、运输管理规定。

③井下爆破工作必须由专职爆破工担任。突出煤层采掘工作面爆破工作必须由固定的专职爆破工担任。爆破作业必须执行“一炮三检”和“三人连锁爆破”制度，并在起爆前检查起爆地点的甲烷浓度。

“一炮三检”是指在爆破地点，装药前、爆破前、爆破后必须检查附近 20 m 范围内甲烷浓度，甲烷浓度达到 1% 时，严禁装药、爆破。爆破后至少等待 15 min（突出危险工作面至少 30 min），待炮烟吹散，瓦斯检查工、爆破工、班长，一同进入爆破地点检查瓦斯浓度及爆破效果等情况。

“三人连锁爆破”是指爆破前，爆破工在检查连线无误后将警戒牌交给班组长；班组长接到警戒牌后，检查顶板、支架、上下出口、风筒及设备工具等无问题，安排专人设置警戒，组织全部人员撤至安全地点，班组长清点人数，确认无误，下达爆破指令，并将自己携带的爆破指令牌交给瓦斯检查工；瓦斯检查工接到爆破指令牌后，检查确认爆破地点 20 m 范围内甲烷浓度在 1% 以下且煤尘符合规定，通风系统良好，将自己携带的爆破牌交给爆破工；爆破工接到爆破牌后，将爆破母线与脚线连接，撤离到通风良好且有掩护的安全地点，发出爆

破警报，至少再等 5 s，方可起爆。爆破后，爆破工必须立即取下爆破器的钥匙，将爆破母线从放炮器上取下并扭结端头保持短路状态。爆破工作结束后，三牌各归原主。

④不得使用过期或者变质的爆炸物品。不能使用的爆炸物品必须交回爆炸物品库。

⑤井下爆破作业必须使用煤矿许用炸药和煤矿许用电雷管。一次爆破必须使用同一厂家、同一品种的煤矿许用炸药和电雷管。

⑥在有瓦斯或者煤尘爆炸危险的采掘工作面，应当采用毫秒爆破。严禁在 1 个采煤工作面使用 2 台发爆器同时进行爆破。

⑦炮眼封泥必须使用水炮泥，水炮泥外剩余的炮眼部分应当用黏土炮泥或者用不燃性、可塑性松散材料制成的炮泥封实。严禁用煤粉、块状材料或者其他可燃性材料作炮眼封泥。无封泥、封泥不足或者不实的炮眼，严禁爆破；严禁裸露爆破。

⑧爆炸物品库和爆炸物品发放硐室附近 30 m 范围内，严禁爆破。

（4）防止电火花

①煤矿地面、井下各种电气设备和电力系统的设计、选型、安装、验收、运行、检修、试验等必须按《煤矿安全规程》执行。

②井下不得带电检修电气设备。

③矿灯应当保持完好，出现亮度不够、电线破损、灯锁失效、灯头密封不严、灯头圈松动、玻璃破裂等情况时，严禁发放。严禁矿灯使用人员拆开、敲打、撞击矿灯。

④井下防爆电气设备的运行、维护和修理，必须符合防爆性能的各项技术要求。防爆性能遭受破坏的电气设备，必须立即处理或者更换，严禁继续使用。

⑤正常工作的局部通风机和备用局部通风机均失电停止运转后，当电源恢复时，正常工作的局部通风机和备用局部通风机均不得自行启动，必须人工开启局部通风机。使用局部通风机供风的地点必须实行风电闭锁和甲烷电闭锁。

（5）其他点火源的治理

①防止煤炭氧化自燃，加强火区检查与管理，定期采样分析，防止复燃。

②在摩擦发热的部件上安设过热保护装置和温度检测报警断电装置；在摩擦部件金属表面附着活性低的金属，使其形成的火花难以引燃瓦斯；在摩擦部件的合金表面涂以各种涂料，以防止摩擦火花的产生；综合机械化作业的采掘工作面遇到坚硬岩石时，采掘机械不能强行截割，应采用爆破处理；采掘机械机组截齿处应采取喷水降温措施。

③矿井中使用的聚氯乙烯管材，其表面电阻应低于规定值。其中，供、排水用管外壁表面电阻应小于 $10^9\ \Omega$，正压风用管和喷浆用管内、外壁表面电阻应小于 $10^8\ \Omega$，负压风管及抽采瓦斯用管内、外壁表面电阻应小于 $10^6\ \Omega$。

3. 防止瓦斯爆炸灾害的扩大

井下一旦发生瓦斯爆炸事故，应使事故波及范围局限在尽可能小的区域内，以减少损失，为此应采取以下措施。

（1）通风与安全管理措施

①实行分区通风。各水平、各采区都应布置独立的回风系统，采掘工作面采用独立通风。

一旦发生瓦斯爆炸，当某一通风路线遭受破坏时不会影响其他区域。

②严禁采用不符合规定的串联通风。

③通风系统力求简单，应保证当井下发生瓦斯爆炸时进风流与回风流不会发生短路。

④编制矿井灾害预防和处理计划，并组织所有入井人员认真学习、贯彻，使所有入井人员都能了解和熟悉发生瓦斯爆炸时撤离和躲避的路线与地点。

（2）安全装置

①安设防爆门。装有主要通风机的出风井口应当安装防爆门，以便在井下发生瓦斯爆炸时，冲击波将防爆门（或井盖）冲开，释放能量，防止通风机受到破坏。防爆门每 6 个月检查维修 1 次。

②安设反风设施。生产矿井主要通风机必须装有反风设施，并做到每季度至少检查 1 次，每年进行 1 次反风演习，操作时间和反风风量达到《煤矿安全规程》规定要求，保证在处理事故需要紧急反风时能灵活使用。

③安设隔爆设施。隔爆设施是根据瓦斯或煤尘爆炸时所产生的冲击波与火焰存在速度差的原理设计的。爆炸时产生的冲击波在前，可使隔爆设施动作，将随后而来的火焰扑灭或阻隔，从而使爆炸灾害范围不再扩大。隔爆设施主要包括巷道中架设的岩粉棚、水棚等。

④佩戴自救器。每个入井人员不仅要随身佩戴自救器，还要懂原理、会使用，保证发生瓦斯爆炸或其他灾害时，能安全逃生。

第二节　矿井瓦斯检查

《煤矿安全规程》规定，矿井必须建立甲烷、二氧化碳和其他有害气体检查制度，瓦斯检查工必须携带便携式光学甲烷检测仪和便携式甲烷检测报警仪。

矿井瓦斯检查是煤矿安全管理中一项重要的工作内容。其目的是了解、掌握煤矿井下不同地点、不同时间的瓦斯涌出情况，为矿井风量计算、分配和调节提供可靠的技术参数，以达到安全、经济、合理通风的目的；同时妥善处理和防止瓦斯事故的发生，及时检查发现瓦斯超限或积聚等灾害隐患，以便采取针对性的有效预防措施。

一、矿井瓦斯浓度的有关规定

1. 矿井瓦斯检查的安全措施规定

①矿井总回风巷或者一翼回风巷中甲烷或者二氧化碳浓度超过 0.75% 时，必须立即查明原因，进行处理。

②采区回风巷、采掘工作面回风巷风流中甲烷浓度超过 1% 或者二氧化碳浓度超过 1.5% 时，必须停止工作，撤出人员，采取措施，进行处理。

③采掘工作面及其他作业地点风流中甲烷浓度达到 1% 时，必须停止用电钻打眼；爆破

地点附近 20 m 以内风流中甲烷浓度达到 1% 时，严禁爆破。

④采掘工作面及其他作业地点风流中、电动机或者其开关安设地点附近 20 m 以内风流中的甲烷浓度达到 1.5% 时，必须停止工作，切断电源，撤出人员，进行处理。

⑤采掘工作面及其他巷道内，体积大于 0.5 m^3 的空间内积聚的甲烷浓度达到 2% 时，附近 20 m 内必须停止工作，撤出人员，切断电源，进行处理。

2. 特殊情况下的瓦斯检测的安全措施规定

①矿井必须有因停电和检修主要通风机停止运转或者通风系统遭到破坏以后恢复通风、排除瓦斯和送电的安全措施。恢复正常通风后，所有受到停风影响的地点，都必须经过通风、瓦斯检查人员检查，证实无危险后，方可恢复工作。所有安装电动机及其开关的地点附近 20 m 的巷道内，都必须检查瓦斯，只有甲烷浓度符合《煤矿安全规程》规定时，方可开启。

②局部通风机因故停止运转，在恢复通风前，必须首先检查瓦斯，只有停风区中最高甲烷浓度不超过 1% 和最高二氧化碳浓度不超过 1.5%，且局部通风机及其开关附近 10 m 以内风流中的甲烷浓度都不超过 0.5% 时，方可人工开启局部通风机，恢复正常通风。

停风区中甲烷浓度超过 1% 或者二氧化碳浓度超过 1.5%，最高甲烷浓度和二氧化碳浓度不超过 3% 时，必须采取安全措施，控制风流排放瓦斯。

停风区中甲烷浓度或者二氧化碳浓度超过 3% 时，必须制定安全排放瓦斯措施，报矿总工程师批准。

在排放瓦斯过程中，排出的瓦斯与全风压风流混合处的甲烷和二氧化碳浓度均不得超过 1.5%，且混合风流经过的所有巷道内必须停电撤人，其他地点的停电撤人范围应当在措施中明确规定。只有恢复通风的巷道风流中甲烷浓度不超过 1% 和二氧化碳浓度不超过 1.5% 时，方可人工恢复局部通风机供风巷道内电气设备的供电和采区回风系统内的供电。

③岩巷掘进遇到煤线或者接近地质破坏带时，必须有专职瓦斯检查工经常检查瓦斯，发现瓦斯大量增加或者其他异常时，必须停止掘进，撤出人员，进行处理。

④修复旧井巷时，必须首先检查瓦斯。当瓦斯积聚时，必须按规定排放，只有在回风流中甲烷浓度不超过 1%、二氧化碳浓度不超过 1.5%、空气成分符合《煤矿安全规程》的要求时，才能作业。

⑤巷道贯通前、掘进的工作面每次爆破前，必须派专人和瓦斯检查工共同到停掘的工作面检查工作面及其回风流中的瓦斯浓度，瓦斯浓度超限时，必须先停止在掘工作面的工作，然后处理瓦斯，只有在 2 个工作面及其回风流中的甲烷浓度都在 1% 以下时，掘进的工作面方可爆破。

⑥电焊、气焊和喷灯焊接等工作地点的风流中，甲烷浓度不得超过 0.5%，只有在检查证明作业地点附近 20 m 范围内巷道顶部和支护背板后无瓦斯积存时，方可进行作业。

⑦装药前和爆破前，爆破地点附近 20 m 以内风流中甲烷浓度达到或者超过 1%，严禁装药、爆破。

⑧处理矿井火灾事故，必须指定专人检查瓦斯和煤尘，观测灾区的气体和风流变化。当甲烷浓度达到 2% 以上并继续增加时，全部人员立即撤离至安全地点并向指挥部报告。

⑨处理顶板事故时，指定专人检查甲烷浓度、观察顶板和周围支护情况，发现异常，立

即撤出人员。

3. 对瓦斯检查次数的规定

矿井瓦斯检查次数必须符合《煤矿安全规程》的规定：

①采掘工作面的甲烷浓度检查次数如下：低瓦斯矿井，每班至少 2 次；高瓦斯矿井，每班至少 3 次；突出煤层、有瓦斯喷出危险或者瓦斯涌出较大、变化异常的采掘工作面，必须有专人经常检查。

②采掘工作面二氧化碳浓度应当每班至少检查 2 次；有煤（岩）与二氧化碳突出危险或者二氧化碳涌出量较大、变化异常的采掘工作面，必须有专人经常检查二氧化碳浓度。

③对于未进行作业的采掘工作面，可能涌出或者积聚甲烷、二氧化碳的硐室和巷道，应当每班至少检查 1 次甲烷、二氧化碳浓度。

④井下停风地点栅栏外风流中的甲烷浓度每天至少检查 1 次，密闭外的甲烷浓度每周至少检查 1 次。

二、矿井瓦斯的检查方法

1. 巷道风流瓦斯检查方法

（1）巷道风流

巷道风流是指距巷道的顶板、底板和两帮有一定距离的巷道空间内的风流。在设有各类支架的巷道中，是指距支架和巷道底板各 50 mm 的巷道空间；在不设支架或用锚喷、砌碹支护的巷道中，是指距巷道顶板、底板和两帮各 200 mm 的巷道空间。

（2）检查方法及要求

巷道风流中甲烷及二氧化碳的空间位置不同，检测时，应在巷道风流中分别测定甲烷和二氧化碳浓度。

①甲烷浓度的检测，应在巷道风流的上部进行。将连接瓦斯检测仪进气口的胶管用探杖置于巷道风流的上部靠近顶板处进行采样，连续检测 3 次，取平均值。

②二氧化碳浓度的检测，应在巷道风流的下部进行。采用光学瓦斯检测仪检测二氧化碳时，先将光学瓦斯检测仪的进气口置于巷道风流的下部靠近底板处测出甲烷浓度，然后取下二氧化碳吸收管测出该处甲烷和二氧化碳的混合气体浓度，后者减去前者，差值乘以校正系数 0.955 即是二氧化碳的浓度，连续检测 3 次，取平均值。

③矿井总回风或一翼回风中甲烷或二氧化碳浓度的测定，应分别在其测风站内进行。

④采区回风中甲烷或二氧化碳的测定，应在该采区所有的回风流汇合后的测风站内（或稳定风流中）进行。

⑤测定位置应尽量避开由于材料堆积、冒顶等原因改变巷道断面形状而形成的风速变化大的区域。

2. 采煤工作面瓦斯检查方法

（1）采煤工作面进、回风流与采煤工作面风流

采煤工作面进风流是指进风巷道至工作面煤壁线以外的风流。

采煤工作面回风流是指采煤工作面回风侧煤壁线到采区总回风范围内，锚喷等无支架支护距两帮、顶板、底板各 200 mm 的巷道空间范围内的风流。对于支架支护，则指距支架和巷道底板各 50 mm 的巷道空间范围内的风流。

采煤工作面风流是指距煤壁、顶板、底板各 200 mm（小于 1 m 厚的薄煤层采煤工作面距煤壁、顶板、底板各 100 mm）和以采空区的切顶线为界的采煤工作面空间内的风流。采煤工作面回风隅角和一段未放顶的巷道空间至煤壁线范围内的空间风流，都按采煤工作面风流处理。

（2）检查方法及要求

采煤工作面甲烷和二氧化碳浓度的测定方法与巷道风流中的测定方法相同，但要取其中的最大值作为测定结果和处理依据。其检查顺序和要求如下：

①检查顺序应从进风巷开始，经采煤工作面、上隅角、回风巷、尾巷栅栏处为 1 个循环。

②循环检查中，应在采煤工作面两次检查的间隔时间中确定无人工作区或其他检查点的检查时间。

③检查瓦斯的间隔时间要均匀。

④初次放顶前的采空区内也应选点测定，以便对采空区的瓦斯浓度做到心中有数。

⑤在检查瓦斯的同时，还应注意通风及其他设施是否存在问题，发现问题及时汇报。

3. 掘进工作面瓦斯检查方法

（1）掘进工作面风流及掘进工作面回风流

掘进工作面风流是指掘进工作面到风筒出风口这一段巷道空间中按巷道风流划定方法划定的空间中的风流。

掘进工作面回风流是指掘进工作面的风筒出风口以外的回风巷道中按巷道风流划定方法划定的空间中的风流。

（2）检查方法及要求

①掘进工作面风流中甲烷浓度的检查地点应选取在工作面上部，左、右角距顶、帮、工作面各 200 mm 处，二氧化碳浓度的检查地点应选取工作面第一架棚左、右柱窝距帮、底各 200 mm 处。测定方法与巷道风流中的测定方法相同，每个测点连续测 3 次，取最大值作为检查结果和处理依据。

②掘进工作面回风流中甲烷和二氧化碳浓度的检查地点，要根据掘进巷道布置情况和通风方式确定。

③循环检查中，应在掘进工作面两次检查的间隔时间中确定无人工作区或其他检查点的检查时间。

④检查瓦斯的间隔时间要均匀。

⑤上山掘进重点检查瓦斯，下山掘进重点检查二氧化碳。

4. 盲巷瓦斯检查方法

盲巷内不通风，若瓦斯涌出量大或停风时间长，则会积聚大量的高浓度瓦斯，因此进入盲巷内检查瓦斯和其他有害气体时要特别小心谨慎，防止窒息、中毒或瓦斯爆炸事故的发生。

①先检查盲巷入口处的甲烷和二氧化碳，若其浓度均小于 3%，方可由外向内逐步检查，

不可直接进入盲巷检查。

②在水平盲巷检查时，应在巷道的上部检测甲烷浓度，在巷道的下部检测二氧化碳浓度；在上山盲巷检查时，应重点检测甲烷浓度，要由下而上直至顶板进行检查；在下山盲巷检查时，应重点检测二氧化碳浓度，要由上而下直至底板进行检查。

③在盲巷入口或盲巷内任何一处检查时，一旦甲烷或二氧化碳浓度达到3%，或其他有害气体浓度超过规定，必须立即停止前进，并通知有关部门采取封闭等措施进行处理。

④检查临时停风时间较短、瓦斯涌出量不大的盲巷内瓦斯和其他有害气体浓度时，可以由瓦斯检查工或其他专业检查人员 1 人进入检查；检查停风时间较长或瓦斯涌出量较大的盲巷内瓦斯和其他有害气体浓度时，至少 2 人一起入内检查，2 人应拉开一定距离，一前一后边检查边前进。检查人员要首先检查自己的矿灯、自救器、瓦斯检测仪等有关仪器，确认完好、可靠后方能进行瓦斯检查工作。

5. 其他地点瓦斯检查方法

（1）爆破过程中的瓦斯检查

1）爆破地点检查瓦斯的部位

①采煤工作面爆破地点的瓦斯检查，应在沿工作面煤壁上下各 20 m 范围内的风流中进行。

②掘进工作面爆破地点的瓦斯检查，应在该点向外 20 m 范围内的巷道风流中进行。

2）安全爆破检查的有关规定

在上述部位进行瓦斯浓度检查时，都必须取其最大值作为测定结果和处理依据。

井下爆破时煤（岩）层中会释放出大量的瓦斯，并且容易达到燃烧或爆炸界限，如果爆破时产生火源，将会导致瓦斯燃烧或爆炸事故。因此，爆破作业必须执行“一炮三检”和“三人连锁爆破”制度。

（2）高冒区及突出孔洞内的瓦斯检查

高冒区通风不良，检查时要特别小心，防止瓦斯窒息事故发生。

检查瓦斯时，人员不得进入高冒区或突出孔洞内，只能将探杖及胶管伸到里面去检查。应由外向里检查，根据检查的瓦斯浓度和积聚瓦斯量采取相应的措施进行处理。当甲烷浓度达到 3% 或其他有害气体浓度超过规定，或者探杖等无法伸到最里端检查时，应进行封闭处理，不得留下任何隐患。

（3）煤仓、水仓等特殊地点的瓦斯检查

①煤仓、水仓等特殊地点的瓦斯检查点的选定应以能相对准确地反映该区域的瓦斯情况为准则。

②清理水仓前应重点检查二氧化碳浓度和氧气浓度，以防窒息事故的发生。

③煤仓施工等的瓦斯检查应同时检查甲烷和二氧化碳浓度。

（4）电动机及其开关附近 20 m 范围内的瓦斯检查

所有安装电动机及其开关的地点附近 20 m 的巷道内，都必须检查瓦斯，只有甲烷浓度符合《煤矿安全规程》规定时，方可开启。

在测定电动机及其开关附近风流瓦斯浓度时，电动机及其开关所在地点上风流端和下风流端各 20 m 范围内风流中的瓦斯浓度都要测定，并取其最大值作为测定结果和处理依据。

6. 瓦斯检查过程注意事项

（1）瓦斯检查工必须经过专门培训，经考试合格并取得特种作业人员资格证书，持证上岗。

（2）瓦斯检查工必定按规定的路线和方案进行瓦斯检查，包括巡回路线、交叉路线，跟班定点方案等。

（3）所有采掘工作面、硐室、使用中的机电设备的设置地点、有人员作业的地点都应当纳入检查范围。

（4）瓦斯检查工必须执行瓦斯巡回检查制度和请示报告制度，并认真填写瓦斯检查班报。每次检查结果必须记入瓦斯检查班报手册和检查地点的记录牌上，并通知现场工作人员。

（5）检查高冒区、采煤工作面上隅角、采空区边缘等地点的瓦斯时，要站在支护完好的地点，用探杖将胶管送到检查地点，由下向上进行检查，检查人员的头部切忌超过检查的高度，以防缺氧窒息。

（6）检查废巷、盲巷、临时停风的掘进工作面及密闭墙处的瓦斯、二氧化碳及其他有害气体时，只准在栅栏处检查，必须进入废巷、盲巷内检查时，应遵守相关规定。

（7）在运输巷道中检查时，应防止运输事故的发生。遵守行车不行人等安全规定，跨越带式输送机、刮板输送机时要遵守相关规定，注意安全。

三、矿井瓦斯检测仪器仪表

煤矿中用于检测瓦斯的仪器有光学瓦斯检测仪、瓦斯检测报警仪、瓦斯断电仪等。下面重点介绍光学瓦斯检测仪和便携式瓦斯检测报警器的结构、原理、使用方法。

1. 光学瓦斯检测仪

光学瓦斯检测仪是煤矿井下用来测定甲烷和二氧化碳气体浓度的便携式仪器。这种仪器的特点是携带方便，操作简单，安全可靠，且有足够的精度。但由于其采用光学系统，因此构造复杂，维修不便。仪器测定范围和精度有 2 种：0～10%，精度 0.01%；0～100%，精度 0.1%。

（1）仪器的结构

以 AQG－1 型光学瓦斯检测仪为例介绍光学瓦斯检测仪的结构，如图 4－1 所示。

1）照明装置组

照明装置组是仪器产生干涉条纹的光源部分。电源为 1 节干电池，灯泡额定电压为 1.35 V，具有白色反光面的灯泡效果较好。

2）聚光镜组

聚光镜和镜座用胶粘牢，用来聚集光源发出的光以增强亮度。

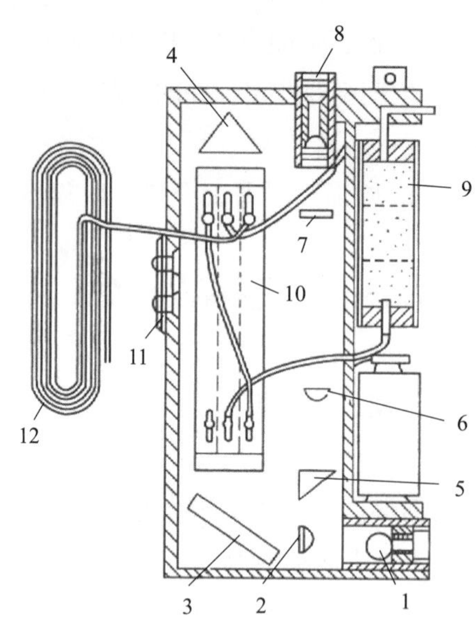

1—照明装置组；2—聚光镜组；3—平面镜组；4—折光棱镜组；5—反射棱镜组；6—物镜组；7—测微组；
8—目镜组；9—吸收管组；10—气室组；11—按钮组；12—盘形管

图 4-1 仪器的结构示意图

3）平面镜组

平面镜组是产生光的干涉的重要部件。平面镜用挡片、弓形弹片和压板等固定在镜座上。通过聚光镜的光线以 45° 交角射向平面镜，经过平面镜后分为两束，在镜座的作用下，平面镜向后倾斜 55°，以得到所需的干涉条纹宽度，即一条条纹到另一条条纹间的距离。

4）折光棱镜组

折光棱镜组也是产生光的干涉的重要部件，固定方法与平面镜相同。折光棱镜将光线经两次 90° 反射后折回平面镜。此组件装配时要求保持水平，否则，将使全反射的光线不能平行地射回平面镜而使干涉条纹倾斜或宽度有所改变。

5）反射棱镜组

反射棱镜组的作用是将光线反射 90°，并且当转动粗动螺杆进行上下调节时能移动干涉条纹。在携带或使用过程中为了防止粗动螺杆的变位而引起干涉条纹的移动，应用护盖盖住与粗动螺杆连在一起的粗动手轮。

6）物镜组

物镜和镜座用胶粘牢，其上的光屏用来改善干涉条纹的清晰度。调节物镜前后距离可使干涉条纹在分划板上成像清晰。

7）测微组

转动手轮时，齿轮带动刻度盘和测微螺杆转动，螺杆推动测微玻璃座带动测微玻璃偏转，进而使光线偏折，使干涉条纹移动。刻度盘一格相当于 0.02% CH_4，估读精度可达 0.01% CH_4。当刻度盘转动 50 格（全部刻度）时，干涉条纹在分划板上的移动量应为 1% CH_4，否则，应移动连接座进行调整。

8）目镜组

目镜组包括分划板和两个放大透镜。通过旋转保护玻璃框调节视度，可使看到的条纹及刻度线更加清晰明显。组装目镜时要注意将两个放大透镜的凸面相对。镜片要装正，否则调节目镜时，分划板像会出现晃动现象。为了保护目镜，其上带有目镜罩。

9）吸收管组

吸收管一般因各矿井的情况不同而异。如用于甲烷和二氧化碳两种气体的测定时，则在仪器外加装一支较长的附加吸收管，在附加吸收管内装碱石灰用以吸收二氧化碳，在仪器内的吸收管中装变色硅胶或氯化钙用来吸收水蒸气。这种装法的缺点是当水蒸气含量较大时，会引起钠石灰的潮解而降低效能。因此应注意经常更换药品。

如果主要用来测量甲烷，且水蒸气含量大，最好在附加吸收管内装硅胶，在仪器内吸收管内装碱石灰；若水蒸气含量不大，可不用附加吸收管，只在仪器内吸收管的上半部装硅胶，下半部装碱石灰。

10）气室组

气室是测定气体的主要部分，共分为 3 个小气室；两侧室为空气室，中央室为瓦斯室。两空气室用橡皮管连通，一端安上橡皮堵头；另一端接盘形管用以自动平衡气压的变化。瓦斯室的进气端与吸收管连接，出气端与吸气球连接。对气室的要求是：空气室和瓦斯室不得漏气，相互间不串气。

11）按钮组

仪器上有两个按钮，上面一个用来控制测微读数部分的照明电路，下面一个用来控制干涉系统的照明电路。在按钮和接触片的接触处，应注意避免落上煤尘或产生金属氧化膜而引起接触不良，因此，使用时应在开关上罩上橡胶开关保护套。

12）盘形管

主要用于平衡气压，减少气体扩散作用的影响。

（2）仪器的工作原理

AQG－1 型光学瓦斯检测仪的工作原理如图 4－2 所示。

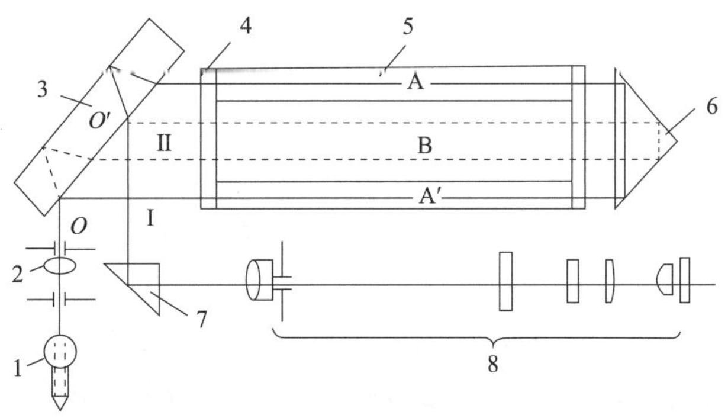

1—光源；2—聚光镜；3—平面镜；4—平行玻璃；5—气室组；6—折光棱镜；7—反射棱镜；8—望远镜系统

图 4－2　光学瓦斯检测仪原理图

由光源发出的光经聚光镜成为平行光束，到达平面镜的 O 点后分为两束光。一束光被表面反射穿过气室组的侧室 A（空气室），由折光棱镜折射穿过气室的另一侧室 A′（空气室），然后回到平面镜，在平面镜后表面全反射，于 O′点穿出平面镜。另一束光被折射入平面镜，被平面镜后表面全反射后穿过气室组的中央室 B（瓦斯室），再由折光棱镜折射，仍然通过中央室 B（瓦斯室）回到平面镜的 O′点。由于平面镜的反射面与折光棱镜的反射面并不平行，而是存在一个微小的交角 ε（例如 $\varepsilon=1°$），因此两束光在 O′处并不重合，而相距一段微小距离，因而满足同一光源发出的两束光波长相同，相位差保持恒定，通过不同的路程后重新会合而产生光的干涉现象的条件。两束光经反射棱镜全反射入望远镜系统。观测者在望远镜的目镜筒中便可观察到仪器的光谱——干涉条纹。

已知光程 = 光线所通过的路程 × 光所通过的媒质的折射率，如果以气室组的各小气室均充入同样的新鲜空气时产生的干涉条纹为基准，那么，当在一支光路中的气体的化学成分或温度、压力等发生改变，即折射率改变时，光程和光程差也会随之变化，这时干涉条纹也会产生移动。根据干涉条纹移动的距离可测算出气体的折射率变化程度。如果使两条通路的温度、压力相同，而被测气体的化学成分又为已知，则可作定量分析。如果气室的长度长，则光束经过气体的路程就长，干涉条纹的偏移灵敏度就高，反之则低。所以，可利用不同的气室长度来测定不同浓度要求的同一种气体。

（3）使用方法

1）使用前的准备工作

①检查药品是否失效。吸收管内的硅胶或氯化钙和碱石灰如果变质或失效，其吸收能力会有所下降，影响测定的准确性。药品颗粒的大小以 3～5 mm 为宜，太小则粉末太多，容易进入气室，太大则药品不能充分发挥吸收能力。吸收管内一般设置三块隔片，以便气体和药品表面充分接触。

②进行气密检查。用左手堵住仪器的进气孔，右手捏扁吸气球，如果吸气球不膨胀还原，就证明仪器和吸气球都不漏气。

③检查干涉条纹是否清晰。将电池装入仪器，按下按钮，由目镜观察，旋转保护玻璃框调整视度达到数字最清晰的状态，再看干涉条纹是否清晰，如不清晰，可将光源灯泡盖打开，稍微转动灯泡座直至清晰为止。

④用新鲜空气清洗气室。使用前必须在与测定地点温度相差不超过 10 ℃的新鲜空气中清洗瓦斯室。这是因为不同温度的气体折射率是不同的，因此当对零地点和测点的温差太大时会引起测量误差；此外，光学瓦斯检测仪对于温度的变化比较敏感，温度变化会引起已对零的条纹移动（现场称为“跑正”或“跑负”）。清洗气室一般在井底车场或进风大巷的新鲜空气中进行。

⑤干涉条纹的零位调整。在新鲜风流中捏放吸气球 5～6 次清洗气室后，如图 4-3 所示，首先按下按钮 5，转动测微手轮，使微读数刻度盘的零位与指标线重合。然后按下按钮 4，转动粗动手轮，从目镜中观察，将干涉条纹中最黑的一条线与分划板上的零位线对准，并记住所对的这条黑线，旋上护盖，此后不得旋动护盖，以免零位变动。

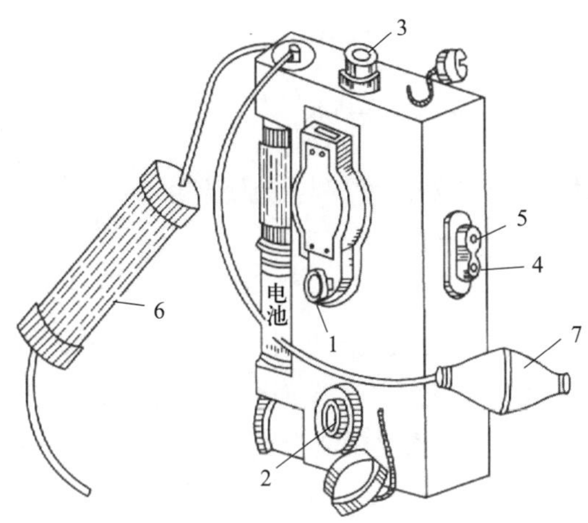

1—测微手轮；2—粗动手轮；3—目镜；4、5—按钮组；6—附加吸收管；7—吸气球

图 4-3　仪器的使用

2）甲烷浓度测定

①测定时将连接瓦斯室入口的橡皮管伸至测定地点，然后慢慢握压吸气球 5～6 次，使待测定气体进入瓦斯室。

②通过目镜观察干涉条纹是否已移动，先读出干涉条纹在分划板上移动的概数。例如条纹移动到 2%～3% 之间。

③转动测微手轮，把对零时所选用的那条黑线移动并对齐到当前位置较小的整数位刻度线上。如依照上例，让黑线和 2% 的刻度线对齐。

④按下测微照明电路的按钮（按钮 5），读取刻度盘上的读数。如果在 0.24%～0.26% 之间，可估读为 0.25%，其测定结果为 2%+0.25%=2.25%。

⑤测定后应把测微刻度盘退转到零位位置。盖好目镜盖，再到下一个测点测定。

3）二氧化碳浓度测定

①在没有甲烷而存在大量二氧化碳的矿井里用光学瓦斯检测仪测定二氧化碳浓度时，吸收剂不用碱石灰，只用硅胶或氯化钙吸收水蒸气。其实际浓度应为所读得的数值乘以 0.955。这是由于仪器出厂时是按测定甲烷浓度进行校正的，因此用于测定其他气体时，仪器所示读数并不是被测气体的实际浓度，还应进行换算。

②在有甲烷的地点测定二氧化碳，或是在测定甲烷的同时测定二氧化碳，必须先测定甲烷和二氧化碳的混合浓度（不用碱石灰吸收二氧化碳，只用硅胶或氯化钙吸收水蒸气），然后再用碱石灰吸收二氧化碳来测定甲烷浓度，把两次测得的读数相减所得的差值乘以 0.955，即得二氧化碳的实际浓度。

当温度和气压变化较大时，应校正已测的甲烷或二氧化碳浓度值。

光学瓦斯检测仪是在温度为 20 ℃、1 个标准大气压条件下标定分划板刻度的。当被测地点空气温度和大气压力与标定刻度时的温度和压力相差较大时（温度超过 20 ℃±2 ℃，大气压超过 101 325 Pa±100 Pa），应该进行校正。校正的方法是将已测得的甲烷或二氧化碳浓度乘

以校正系数 K。校正系数 K 按式（4－1）计算：

$$K = 345.8\frac{T}{P} \tag{4-1}$$

式中，T——测定地点绝对温度，绝对温度 T 与摄氏温度 t 的关系为：$T=t+273$，K；

P——测定地点的大气压力，Pa。

4）测定中应注意的问题

①测定时若空气湿度过大，会使气室玻璃生雾，灰尘容易附在上面使干涉条纹不清晰。因此必须用硅胶或氯化钙来吸收水蒸气，必要时可在仪器外再附加一支吸收管。光源各部分的接触不良、灯泡移动也会影响干涉条纹的清晰度。

②若所测甲烷浓度比实际浓度偏高，可能的原因是：碱石灰失效或吸收能力降低，把甲烷和二氧化碳的混合浓度误认为甲烷浓度；有时药品的吸收能力很好，但由于颗粒过大，也会降低吸收二氧化碳的能力；盘形管堵塞也可能造成读数偏高。

如从高浓度地区转到低浓度地区进行测定时发现读数偏高，可能的原因是：吸气球或吸气球到气室之间的胶皮管漏气，或者进气管路被堵或被压，使前一地区进入仪器的气体不能被后一地区的气体完全置换。所以每班都应检查仪器的气路系统。

③若所测甲烷浓度比实际浓度偏低，可能的原因是：空气室上所装盘形管和橡皮堵头以及与空气连接的各个接头有破裂漏气情况，使空气室中的空气不新鲜，折射率增大而使瓦斯室和空气室中气体折射率的差值减少，因而读数也随之降低；瓦斯室入口、出口和吸气球漏气，接头不紧，使吸气能力降低，并在吸气时有附近的气体渗入瓦斯室冲淡了待测定的气体，造成读数偏低；在准备工作中，调整零点的地点空气不新鲜，或空气室与瓦斯室之间相互串气。

④空气中氧气浓度的变化对甲烷测定的结果影响很大。当氧气浓度降低时，读数产生正值偏差。在严重缺氧的密闭火区中测定甲烷时，往往测值偏高很多。

2. 便携式瓦斯检测报警器

便携式瓦斯检测报警器是一种可连续测定环境中瓦斯浓度的电子仪器。当瓦斯浓度超过设定的报警点时，仪器能发出声、光报警信号。它具有体积小、重量轻及检测精度高、读数直观，以及可连续检测、自动报警等优点。

便携式瓦斯检测报警器在每次使用前都必须充电，以保证其可靠工作。使用前应先在洁净空气中打开电源，预热 15 min，观察读数是否为零，如有偏差，则需调整调零电位器使其归零。

测量时，将仪器的传感器部位举至或悬挂在测点处，经十几秒的自然扩散，即可读取瓦斯浓度的数值；也可由作业人员随身携带，在瓦斯超限发出声、光报警时，再重点监视环境瓦斯或采取相应措施。

使用仪器时应注意以下 4 点：

（1）要保护好仪器，在携带和使用过程中严禁摔打、碰撞；严禁被水浇淋或浸泡。

（2）使用中发现电量不足时，应立即停止使用，否则将影响仪器正常工作，并缩短电池使用寿命。

（3）热催化（热效）式瓦斯检测报警器不适宜在含有二氧化硫的地区以及瓦斯浓度超过仪器允许值的场所使用，以免仪器产生误差或损坏。

（4）对仪器的零点、测试精度及报警点应定期进行校验，以确保仪器测量准确、可靠。

第三节　矿井瓦斯监测监控

煤矿井下直接受瓦斯、水、火、矿尘、矿山压力等灾害的威胁。矿井安全监控系统实现了对瓦斯、风速、一氧化碳、温度、负压等环境参数和通风机开停、风门开闭等设备设施状态的全面、准确、连续监测，实现了超限报警、断电控制。在掌握矿井通风状态、加强瓦斯管理、掌握瓦斯变化涌出规律、及时发现重大事故隐患、避免灾害事故的扩大等方面，具有重要意义。

一、矿井安全监控系统的组成

1. 矿井安全监控系统的有关规定

（1）所有矿井必须装备安全监控系统，系统应 24 h 连续运行。

（2）接入矿井安全监控系统的各类传感器稳定性应不小于 15 日。采掘工作面气体类传感器防护等级不低于 IP65，其余不低于 IP54。

（3）系统应具有甲烷浓度、风速、风压、一氧化碳浓度、温度、粉尘等模拟量采集、显示及报警功能。

（4）系统应具有馈电状态、风机开停、风筒状态、风门开关、风向、烟雾等开关量采集、显示及报警功能。

（5）系统应由现场设备完成甲烷浓度超限声光报警和断电 / 复电控制功能：

①甲烷浓度达到或超过报警浓度时，声光报警。

②甲烷浓度达到或超过断电浓度时，切断被控设备电源并闭锁；甲烷浓度低于复电浓度时，自动解锁。

③与闭锁控制有关的设备（含甲烷传感器、分站、电源、断电控制器等）未投入正常运行或故障时，切断该设备所监控区域的全部非本质安全型电气设备的电源并闭锁；当与闭锁控制有关的设备工作正常并稳定运行后，自动解锁。

（6）系统应由现场设备完成甲烷风电闭锁功能：

①掘进工作面甲烷浓度达到或超过 1% 时，声光报警；掘进工作面甲烷浓度达到或超过 1.5% 时，切断掘进巷道内全部非本质安全型电气设备的电源并闭锁；当掘进工作面甲烷浓度低于 1% 时，自动解锁。

②掘进工作面回风流中的甲烷浓度达到或超过 1% 时，声光报警、切断掘进巷道内全部非本质安全型电气设备的电源并闭锁；当掘进工作面回风流中的甲烷浓度低于 1% 时，自动

解锁。

③被串掘进工作面进风流中甲烷浓度达到或超过 0.5% 时，声光报警、切断被串掘进巷道内全部非本质安全型电气设备的电源并闭锁；当被串掘进工作面进风流中甲烷浓度低于 0.5% 时，自动解锁。

④局部通风机停止运转或风筒风量低于规定值时，声光报警、切断供风区域的全部非本质安全型电气设备的电源并闭锁。当局部通风机和风筒恢复正常工作时，自动解锁。

⑤局部通风机停止运转，掘进工作面或回风流中甲烷浓度大于 3% 时，对局部通风机进行闭锁使之不能启动，只有通过密码操作软件或使用专用工具方可人工解锁；当掘进工作面和回风流中甲烷浓度低于 1.5% 时，自动解锁。

⑥与闭锁控制有关的设备（含分站、甲烷传感器、设备开停传感器、电源、断电控制器等）故障或断电时，声光报警、切断该设备所监控区域的全部非本质安全型电气设备的电源并闭锁；与闭锁控制有关的设备接通电源 1 min 内，继续闭锁该设备所监控区域的全部非本质安全型电气设备的电源；当与闭锁控制有关的设备工作正常并稳定运行后，自动解锁。不得对局部通风机进行故障闭锁控制。

（7）系统应具有掘进工作面煤与瓦斯突出报警和断电闭锁功能：

掘进工作面甲烷传感器故障或监测到的甲烷浓度迅速升高或达到报警值（1% CH_4），掘进巷道回风流甲烷传感器监测到的甲烷浓度迅速升高或达到报警值（1% CH_4），掘进巷道回风流风速传感器监测到的风速不低于正常值，发出煤与瓦斯突出报警和断电闭锁信号，切断相关区域全部非本质安全型电气设备电源（掘进工作面甲烷浓度迅速升高且风速不低于正常值）。

（8）系统应具有采煤工作面煤与瓦斯突出报警和断电闭锁功能：

采煤工作面甲烷传感器故障或监测到的甲烷浓度迅速升高或达到报警值（1% CH_4），回风隅角甲烷传感器故障或监测到的甲烷浓度迅速升高或达到报警值（1% CH_4），回风巷甲烷传感器监测到的甲烷浓度迅速升高或达到报警值（1% CH_4），回风巷风速传感器监测到的风速不低于正常值，发出煤与瓦斯突出报警和断电闭锁信号，切断相关区域全部非本质安全型电气设备电源（采煤工作面甲烷浓度迅速升高且风速不低于正常值）。

（9）系统应具有与应急广播、通信、人员位置监测等系统应急联动功能。

2. 矿井安全监控系统的组成

矿井安全监控系统应由主机、传输接口、分站、传感器、执行器、断电控制器、电源箱等设备组成。

主机的主要功能包括接收监测信号、校正、报警判别、数据统计、磁盘存储、显示、声光报警、人机对话、输出控制、控制打印输出、与管理网络连接等。

传输接口接收分站远距离发送的信号，并送主机处理；接收主机信号，并送相应分站。传输接口还具有控制分站的发送与接收、多路复用信号的调制与解调、系统自检等功能。

分站接收来自传感器的信号，并按预先约定的复用方式远距离传送给传输接口，同时，接收来自传输接口多路复用信号。分站还具有线性校正、超限判别、逻辑运算等简单的数据处理能力，以及对传感器输入的信号和传输接口传输来的信号进行处理的能力，能控制执行器工作。

传感器是将被测物理量转换为电信号输出的装置。

执行器是将控制信号转换为被控物理量的装置。

断电控制器是控制馈电开关和电磁起动器等的装置。

电源箱将交流电网电源转换为系统所需的本质安全型直流电源，并具有维持电网停电后正常供电不小于 4 h 的蓄电池。

二、矿井甲烷传感器的设置与调校

甲烷传感器是连续监测矿井环境气体中甲烷浓度的装置，是矿井安全监控系统中的重要组成部分。当监测环境中甲烷浓度达到或超过报警浓度时，可发出声光报警信号；当环境中甲烷浓度达到或超过断电浓度时，可通过甲烷电闭锁装置切断被控制区域的全部非本质安全型电气设备电源；当甲烷浓度低于复电浓度时，可以解锁。

1. 甲烷传感器的设置通用要求

（1）甲烷传感器应垂直悬挂，距顶板（顶梁、屋顶）不得大于 300 mm，距巷道侧壁（墙壁）不得小于 200 mm，并应安装维护方便，不影响行人和行车。

（2）甲烷传感器的报警浓度、断电浓度、复电浓度和断电范围应符合表 4－1 的规定。

表 4－1　　甲烷传感器的报警浓度、断电浓度、复电浓度和断电范围

甲烷传感器设置地点	甲烷传感器编号	报警浓度 / % CH_4	断电浓度 / % CH_4	复电浓度 / % CH_4	断电范围
采煤工作面回风隅角	T_0	≥1.0	≥1.5	＜1.0	工作面及其回风巷内全部非本质安全型电气设备
低瓦斯和高瓦斯矿井的采煤工作面	T_1	≥1.0	≥1.5	＜1.0	工作面及其回风巷内全部非本质安全型电气设备
煤与瓦斯突出矿井的采煤工作面	T_1	≥1.0	≥1.5	＜1.0	工作面及其进、回风巷内全部非本质安全型电气设备
采煤工作面回风巷	T_2	≥1.0	≥1.0	＜1.0	工作面及其回风巷内全部非本质安全型电气设备
煤与瓦斯突出矿井采煤工作面进风巷	T_3、T_4	≥0.5	≥0.5	＜0.5	工作面及其进、回风巷内全部非本质安全型电气设备
采用串联通风的被串采煤工作面进风巷	T_4	≥0.5	≥0.5	＜0.5	被串采煤工作面及其进、回风巷内全部非本质安全型电气设备
采用两条以上巷道回风的采煤工作面第二条、第三条回风巷	T_5	≥1.0	≥1.5	＜1.0	工作面及其回风巷内全部非本质安全型电气设备
	T_6	≥1.0	≥1.0	＜1.0	
高瓦斯、煤与瓦斯突出矿井采煤工作面回风巷中部	—	≥1.0	≥1.0	＜1.0	工作面及其回风巷内全部非本质安全型电气设备
采煤机	—	≥1.0	≥1.5	＜1.0	采煤机及工作面刮板输送机电源
煤巷、半煤岩巷和有瓦斯涌出岩巷的掘进工作面	T_1	≥1.0	≥1.5	＜1.0	掘进巷道内全部非本质安全型电气设备

续表

甲烷传感器设置地点	甲烷传感器编号	报警浓度 / % CH_4	断电浓度 / % CH_4	复电浓度 / % CH_4	断电范围
煤巷、半煤岩巷和有瓦斯涌出岩巷的掘进工作面回风流中	T_2	≥1.0	≥1.0	<1.0	掘进巷道内全部非本质安全型电气设备
煤与瓦斯突出矿井的煤巷、半煤岩巷和有瓦斯涌出岩巷的掘进工作面的进风分风口处	T_4	≥0.5	≥0.5	<0.5	掘进巷道内全部非本质安全型电气设备
采用串联通风的被串掘进工作面局部通风机前	T_3	≥0.5	≥0.5	<0.5	被串掘进巷道内全部非本质安全型电气设备
		≥0.5	≥1.5	<0.5	包括局部通风机在内的被串掘进巷道内全部非本质安全型电气设备
高瓦斯矿井双巷掘进工作面混合回风流处	T_3	≥1.0	≥1.0	<1.0	除全风压供风的进风巷外，双巷掘进巷道内全部非本质安全型电气设备
高瓦斯和煤与瓦斯突出矿井掘进巷道中部	—	≥1.0	≥1.0	<1.0	掘进巷道内全部非本质安全型电气设备
掘进机、连续采煤机、锚杆钻车、梭车	—	≥1.0	≥1.5	<1.0	掘进机、连续采煤机、锚杆钻车、梭车电源
采区回风巷	—	≥1.0	≥1.0	<1.0	采区回风巷内全部非本质安全型电气设备
一翼回风巷及总回风巷	—	≥0.75	—	—	—
使用架线电机车的主要运输巷道内装煤点处	—	≥0.5	≥0.5	<0.5	装煤点处上风流 100 m 内及其下风流的架空线电源和全部非本质安全型电气设备
高瓦斯矿井进风的主要运输巷道内使用架线电机车时，瓦斯涌出巷道的下风流处	—	≥0.5	≥0.5	<0.5	瓦斯涌出巷道上风流 100 m 内及其下风流的架空线电源和全部非本质安全型电气设备
矿用防爆型蓄电池电机车内	—	≥0.5	≥0.5	<0.5	机车电源
矿用防爆型柴油机车、无轨胶轮车	—	≥0.5	≥0.5	<0.5	车辆动力
兼作回风井的装有带式输送机的井筒	—	≥0.5	≥0.7	<0.7	井筒内全部非本质安全型电气设备
采区回风巷内临时施工的电气设备上风侧	—	≥1.0	≥1.0	<1.0	采区回风巷内全部非本质安全型电气设备
一翼回风巷及总回风巷道内临时施工的电气设备上风侧	—	≥0.75	≥1.0	<1.0	一翼回风巷及总回风巷道内全部非本质安全型电气设备
井下煤仓上方、地面选煤厂煤仓上方	—	≥1.5	≥1.5	<1.5	煤仓附近的各类运输设备及其他非本质安全型电气设备电源
封闭的地面选煤厂车间内	—	≥1.5	≥1.5	<1.5	选煤厂车间内全部非本质安全型电气设备
封闭的带式输送机地面走廊内，带式输送机滚筒上方	—	≥1.5	≥1.5	<1.5	带式输送机地面走廊内全部非本质安全型电气设备

续表

甲烷传感器设置地点	甲烷传感器编号	报警浓度 / % CH_4	断电浓度 / % CH_4	复电浓度 / % CH_4	断电范围
地面瓦斯抽采泵房内	—	≥0.5	—	—	—
井下临时瓦斯抽采泵站下风侧栅栏外	—	≥0.5	≥1.0	＜0.5	瓦斯抽采泵站电源

2.《煤矿安全规程》相关规定

（1）井下下列地点必须设置甲烷传感器：

①采煤工作面及其回风巷和回风隅角，高瓦斯和突出矿井采煤工作面回风巷长度大于 1 000 m 时回风巷中部。

②煤巷、半煤岩巷和有瓦斯涌出的岩巷掘进工作面及其回风流中，高瓦斯和突出矿井的掘进巷道长度大于 1 000 m 时掘进巷道中部。

③突出矿井采煤工作面进风巷。

④采用串联通风时，被串采煤工作面的进风巷；被串掘进工作面的局部通风机前。

⑤采区回风巷、一翼回风巷、总回风巷。

⑥使用架线电机车的主要运输巷道内装煤点处。

⑦煤仓上方、封闭的带式输送机地面走廊。

⑧地面瓦斯抽采泵房内。

⑨井下临时瓦斯抽采泵站下风侧栅栏外。

⑩瓦斯抽采泵输入、输出管路中。

（2）突出矿井在下列地点设置的传感器必须是全量程或者高低浓度甲烷传感器：

①采煤工作面进、回风巷。

②煤巷、半煤岩巷和有瓦斯涌出的岩巷掘进工作面回风流中。

③采区回风巷。

④总回风巷。

（3）井下下列设备必须设置甲烷断电仪或者便携式甲烷检测报警仪：

①采煤机、掘进机、掘锚一体机、连续采煤机。

②梭车、锚杆钻车。

③采用防爆蓄电池或者防爆柴油机为动力装置的运输设备。

④其他需要安装的移动设备。

3. 采煤工作面甲烷传感器的设置

（1）长壁采煤工作面甲烷传感器应按图 4–4 设置。“U”形通风方式在回风隅角设置甲烷传感器 T_0（距切顶线≤1 m），工作面设置甲烷传感器 T_1，工作面回风巷设置甲烷传感器 T_2；煤与瓦斯突出矿井在进风巷设置甲烷传感器 T_3 和 T_4；采用串联通风时，被串工作面的进风巷设置甲烷传感器 T_4，如图 4–4（a）所示。“Z”形、“Y”形、“H”形和“W”形通风方式的采煤工作面甲烷传感器参照上述规定执行，如图 4–4 中（b）至（e）所示。

单位：m

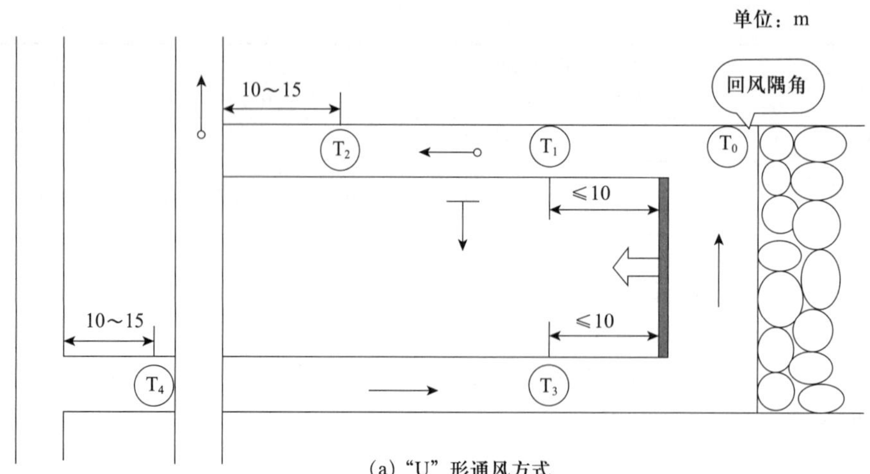

(a) “U” 形通风方式

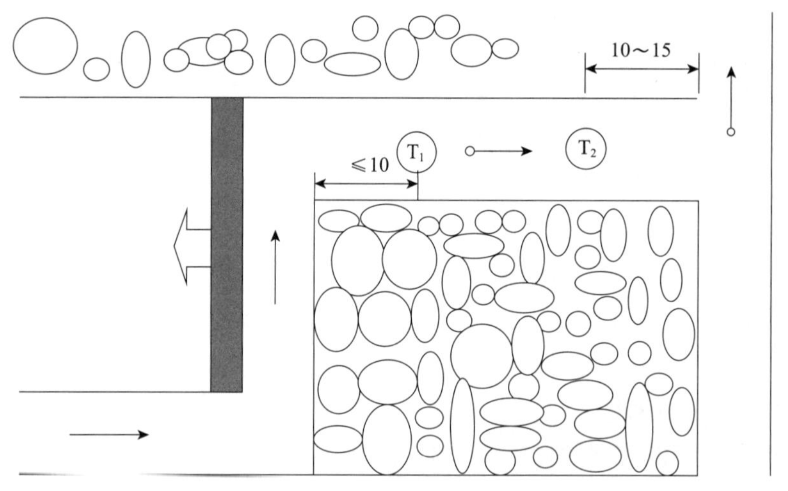

(b) “Z” 形通风方式

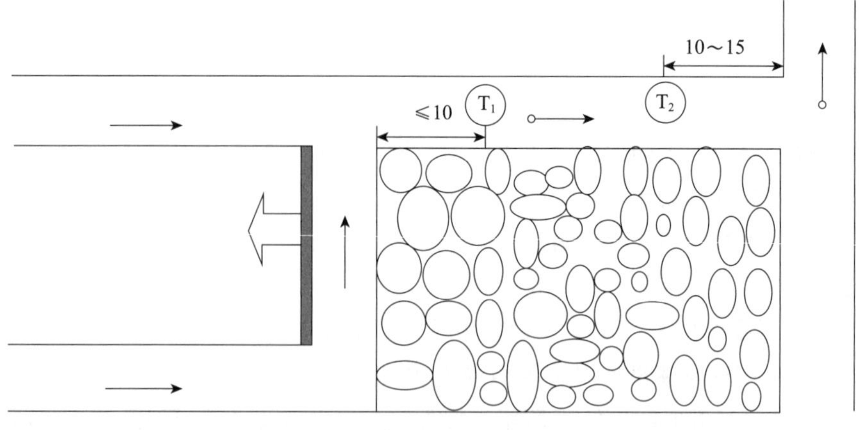

(c) “Y” 形通风方式

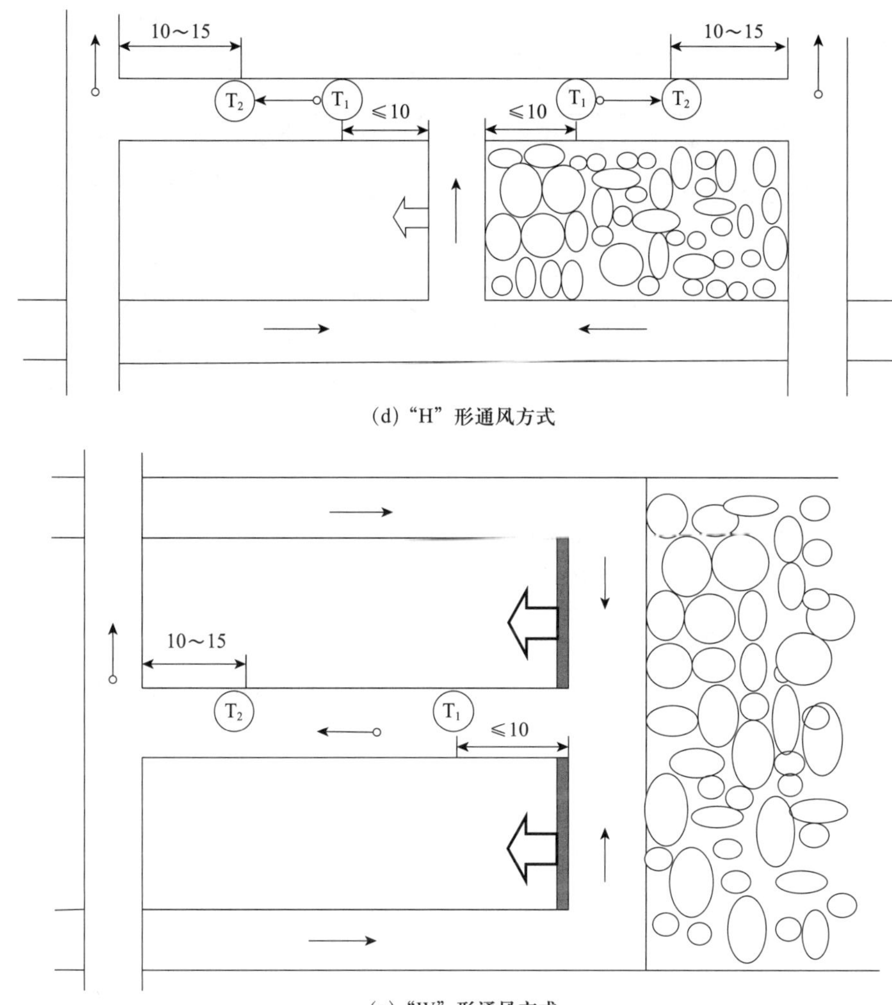

(d)“H”形通风方式

(e)“W”形通风方式

图 4-4　采煤工作面甲烷传感器的设置

（2）采用两条巷道回风的采煤工作面甲烷传感器应按图 4-5 设置。甲烷传感器 T_0、T_1 和 T_2 的设置同图 4-4（a）；在第二条回风巷设置甲烷传感器 T_5、T_6。采用三条巷道回风的采煤工作面，第三条回风巷甲烷传感器的设置与第二条回风巷甲烷传感器 T_5、T_6 的设置相同。

（3）高瓦斯和煤与瓦斯突出矿井采煤工作面的回风巷长度大于 1 000 m 时，应在回风巷中部增设甲烷传感器。

（4）采煤机应设置机载式甲烷断电仪或便携式甲烷检测报警仪。

（5）非长壁式采煤工作面甲烷传感器的设置参照上述规定执行，即在回风隅角设置甲烷传感器 T_0，在工作面及其回风巷各设置一个甲烷传感器。

4. 掘进工作面甲烷传感器的设置

（1）煤巷、半煤岩巷和有瓦斯涌出岩巷的掘进工作面甲烷传感器应按图 4-6 设置，并实现甲烷风电闭锁。在工作面混合风流处设置甲烷传感器 T_1，在工作面回风流中设置甲烷传感

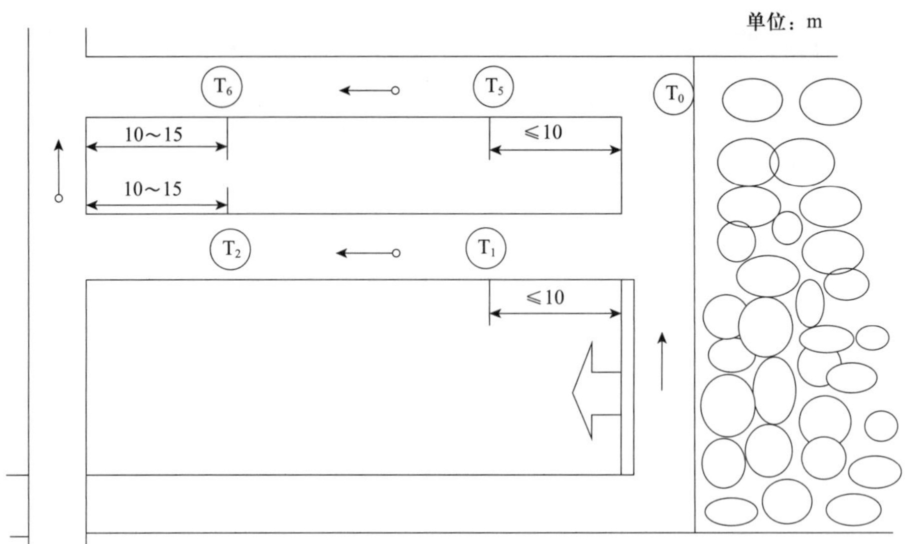

图 4-5　采用两条巷道回风的采煤工作面甲烷传感器的设置

器 T_2；采用串联通风的掘进工作面，应在被串工作面局部通风机前设置掘进工作面进风流甲烷传感器 T_3；煤与瓦斯突出矿井掘进工作面的进风分风口处设置甲烷传感器 T_4。

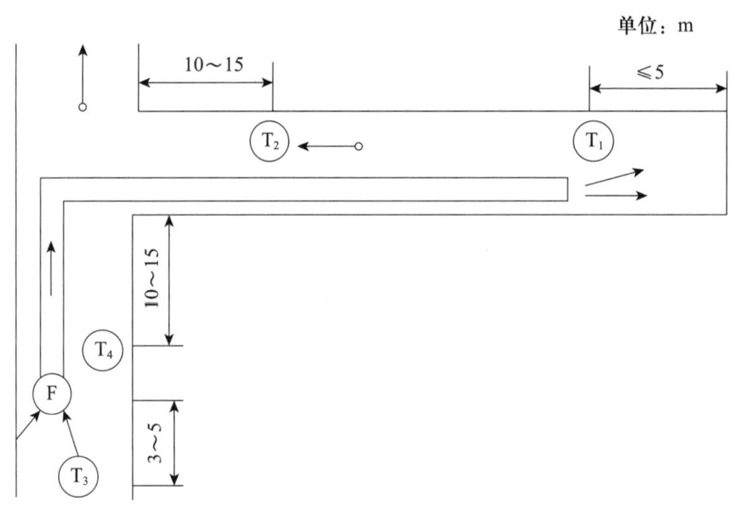

图 4-6　掘进工作面甲烷传感器的设置

（2）高瓦斯和煤与瓦斯突出矿井双巷掘进工作面甲烷传感器应按图 4-7 设置。甲烷传感器 T_1 和 T_2 的设置同图 4-6；在工作面混合回风流处设置甲烷传感器 T_3。

（3）高瓦斯和煤与瓦斯突出矿井的掘进工作面长度大于 1 000 m 时，应在掘进巷道中部增设甲烷传感器。

（4）掘进机、掘锚一体机、连续采煤机、梭车、锚杆钻车、钻机应设置机载式甲烷断电仪或便携式甲烷检测报警仪。

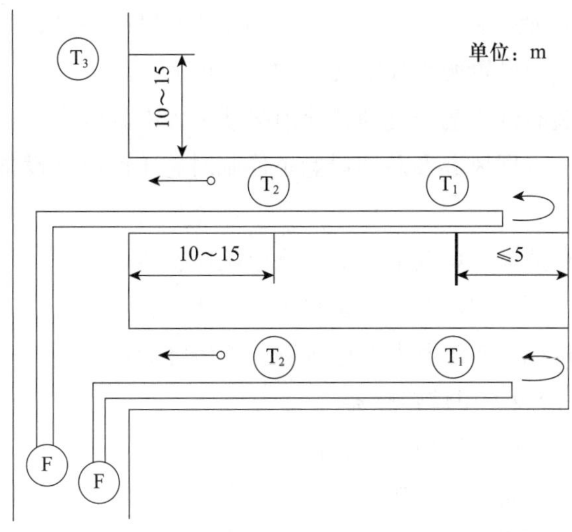

图 4-7　双巷掘进工作面甲烷传感器的设置

5. 其他地点甲烷传感器的设置

（1）采区回风巷、一翼回风巷、总回风巷测风站应设置甲烷传感器。

（2）使用架线电机车的主要运输巷道内，装煤点处应设置甲烷传感器，如图 4-8 所示。

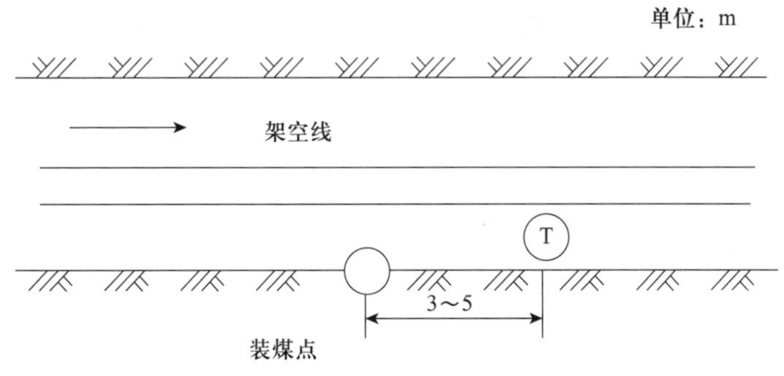

图 4-8　装煤点甲烷传感器的设置

（3）高瓦斯矿井进风的主要运输巷道使用架线电机车时，在瓦斯涌出巷道的下风流中必须设置甲烷传感器，如图 4-9 所示。

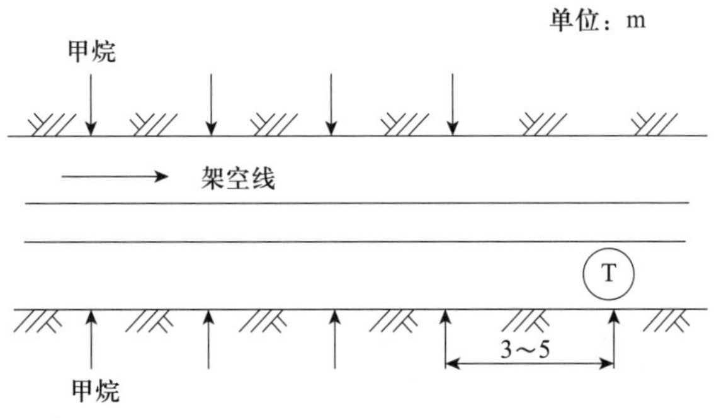

图 4-9　瓦斯涌出巷道的下风流中甲烷传感器的设置

（4）矿用防爆型蓄电池电机车应设置车载式甲烷断电仪或便携式甲烷检测报警仪；矿用防爆型柴油机车和胶轮车应设置便携式甲烷检测报警仪。

（5）兼作回风井的装有带式输送机的井筒内必须设置甲烷传感器。

（6）采区回风巷、一翼回风巷及总回风巷道内临时施工的电气设备上风侧 10～15 m 处应设置甲烷传感器。

（7）井下煤仓、地面选煤厂煤仓上方应设置甲烷传感器。

（8）封闭的地面选煤厂车间内上方应设置甲烷传感器。

（9）封闭的带式输送机地面走廊上方应设置甲烷传感器。

（10）瓦斯抽采泵站应设置甲烷传感器：

①地面瓦斯抽采泵房内应设置甲烷传感器。

②井下临时瓦斯抽采泵站下风侧栅栏外应设置甲烷传感器。

③抽采泵输入管路中应设置甲烷传感器；利用瓦斯时，应在输出管路中设置甲烷传感器；不利用瓦斯、采用干式抽采瓦斯设备时，输出管路中也应设置甲烷传感器。

6. 甲烷传感器的安装与调校

（1）有线甲烷传感器

以 GJG100J 矿用激光甲烷传感器为例，该传感器由激光测量探头、信号处理电路、主控制器、电源调理电路、信号输出电路等组成。其工作原理为：激光测量探头由主板供给稳定电源，内部电路驱动激光管产生甲烷气体特征吸取激光。激光经过测量室后被探测器接收，经光电转换后由单片机处理，计算激光强度的变化，并换算为气体浓度。主控制器对信号进行处理运算得到甲烷浓度，显示在液晶屏或数码管上，同时控制信号输出电路输出标准的频率信号或 RS-485 数字信号。

传感器留有 4 芯电缆引线，信号定义如下：

红线——电源正；

蓝线——电源负；

白线——频率信号输出（485+）；

绿线——断电输出（485-）。

传感器与 KJ91X-F 分站接线即可使用，接线方式如图 4-10 所示。

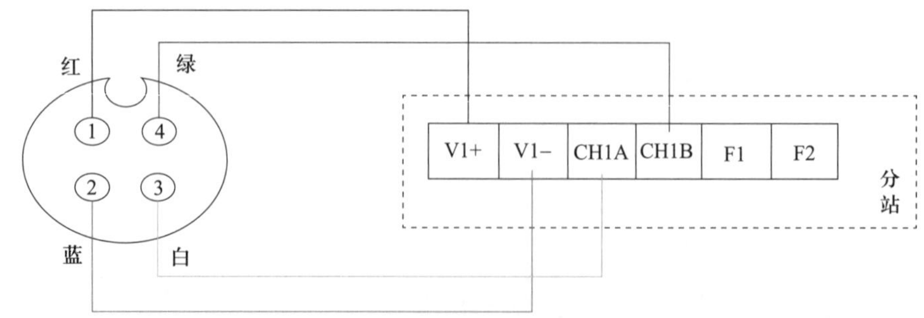

图 4-10　传感器与 KJ91X-F 分站接线图

通电后传感器显示预热时间，小数码管和大数码管一起显示 4 位时间，小数点前为分钟，小数点后为秒。倒计时 60 s 预热完成后默认显示甲烷浓度测量值，左侧的小数码管不显示，信号输出接通后左侧信号灯点亮，右侧 3 位大数码管显示甲烷浓度值。按遥控器的功能键进入相应的设置状态，此时小数码管显示的是功能码，大数码管显示的是操作数值或标志。小数码管显示的功能码定义如下：

1——调试信号输出，模拟甲烷浓度范围 0～9.99%（该功能可以作为模拟断电试验用）；

2——调试信号输出，模拟甲烷浓度范围 10%～99.9%；

3——零点校准；

4——灵敏度校准，标准气体浓度范围 0～9.99%；

5——灵敏度校准，标准气体浓度范围 10%～99.9%；

6——输出频率信号设置（出厂默认设置：甲烷浓度 0～4% 对应频率 200～1 000 Hz）；

7——报警值设定，数值范围 0～9.99%（出厂默认报警值：1%）；

8——报警值设定，数值范围 10%～99.9%；

9——断电值设定，数值范围 0～9.99%（出厂默认断电值：1%）；

A——断电值设定，数值范围 10%～99.9%；

B——复电值设定，数值范围 0～99.9%；

C——复电值设定，数值范围 10%～99.9%；

D——恢复出厂设置；

P——密码输入；

E——错误代码。

1）零点校准

传感器零点校准应在新鲜空气中进行。零点校准时需要输入正确的密码，否则无法进入校准状态。传感器开机后在默认的测量显示界面下按遥控器的功能键使小数码管显示“3”，大数码管不显示，按遥控器的确定键进入密码输入状态，小数码管显示“P”，大数码管显示 3 位密码数字。在该界面下按遥控器的功能键改变密码位置，再按增加或减少键改变对应密码位的数字使输入的密码为已设定的密码，之后按遥控器的确定键进入零点校准界面，小数码管显示“3”，大数码管显示“– – –”。在该界面下按遥控器的确定键完成零点校准。

2）灵敏度校准

①标准气体浓度范围在 0～9.99% 区间。传感器灵敏度校准时应通入已知浓度的标准气体。灵敏度校准时需要输入正确的密码，否则无法进入校准状态。传感器开机后在默认的测量显示界面下按遥控器的功能键使小数码管显示“4”，大数码管不显示，按遥控器的确定键进入密码输入状态，小数码管显示“P”，大数码管显示 3 位密码数字。输入密码后，按遥控器的确定键进入灵敏度校准界面，小数码管显示“4”，大数码管显示 3 位甲烷浓度值。按遥控器的功能键改变数字位置，按增加或减少键改变对应的数字，使显示浓度与已知标准气体的浓度相同，按遥控器的确定键完成灵敏度校准。

②标准气体浓度范围在 10%～99.9% 区间。除小数码管显示的功能码为“5”外，其他操

作方法与上述方法相同。

3）报警值、断电值、复电值设置

①报警值范围在 0～9.99% 区间。传感器开机后在默认的测量显示界面下按遥控器的功能键使小数码管显示“7”，大数码管不显示，按遥控器的确定键进入密码输入状态，小数码管显示“P”，大数码管显示 3 位密码数字。输入密码后，按遥控器的确定键进入报警值设置界面，小数码管显示“7”，大数码管显示当前的 3 位报警浓度值。按遥控器功能键使显示的报警浓度值为需要的数值，按遥控器确定键完成报警值设定。

②报警值范围在 10%～99.9% 区间。除小数码管显示的功能码为“8”外，其他操作方法与上述方法相同。

③断电值和复电值设置。断电值、复电值的设置与报警值设置方法相同，只是小数码管显示的功能码不同。

（2）无线甲烷传感器

在地质环境复杂、作业条件差的矿井进行甲烷监测，经常出现数据传输线缆断线的情况。因此，使用测量精度高、工作稳定、响应速度快、能在线监测并实时传输的无线甲烷传感器，能更好地实现安全高效生产。

以 GJJ100W 矿用无线激光甲烷传感器为例，该传感器的激光采样头基于调频半导体激光吸收光谱技术（TDLAS）。其工作原理为：通过调制特定波长激光器的驱动电流，实现对其输出频率的调制。当该光束通过探头上的气室时，甲烷在激光调制到其吸收谱线时产生吸收，通过光探测器和高次谐波锁相放大技术，将吸收量转换成相应甲烷浓度。

GJJ100W 矿用无线激光甲烷传感器外部结构如图 4－11 所示。

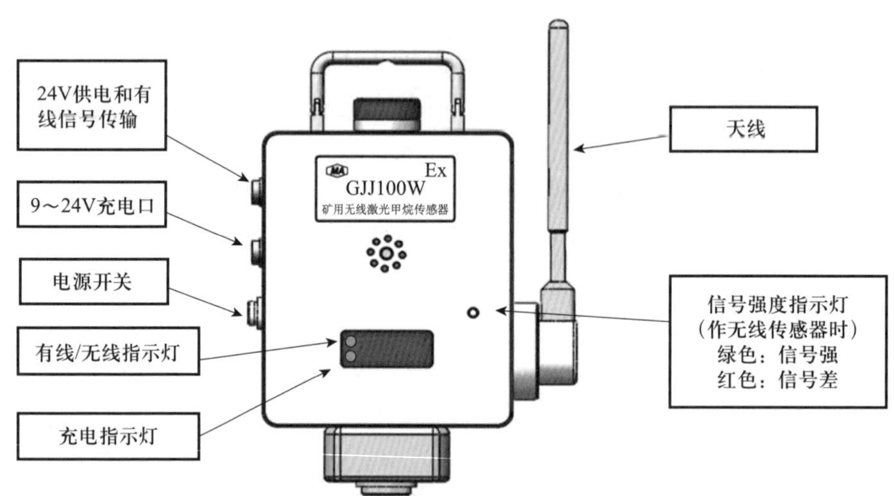

图 4－11　GJJ100W 矿用无线激光甲烷传感器外部结构图

传感器和基站安装：将传感器安装于需要检测甲烷浓度的地方，如回采工作面回风隅角、掘进工作面迎头。移动传感器的时候需要实时检查无线传输信号是否稳定，传感器信号指示灯绿灯常亮代表无线信号稳定，红灯常亮则需要将基站往传感器方向移动。

无线通信距离与巷道形状和安装地点选取有关。巷道平直则通信距离远，巷道起伏弯曲则通信距离短。传感器和基站工作时天线要向下，且天线尽量与煤壁或遮挡物保持不小于 70 cm 的距离。

在回采工作面和掘进巷道内，传感器和基站的距离尽量不超过 100 m。

在瓦斯治理巷内，传感器一般随着对应钻机移动。若移动到现有基站覆盖区域的临界点时，传感器会出现闪断。

在移动传感器时，若发现传感器信号指示灯间断变为红色，则需要打电话给井上报备传感器断线，然后关闭电源开关，等待 5 s 后重新开启电源开关。这时，传感器会自动重新连接到最近的基站。

零点调节：按遥控器功能键进入 1 号菜单，用配套通气嘴向传感器通入新鲜空气，待显示值稳定后同时按下“▲”和“▼”键持续 2～3 s 进行清零操作，再按功能键退出菜单。

灵敏度调节：按遥控器功能键进入 2 号菜单，用配套通气嘴向传感器通入 2% 左右的标准甲烷气体，待传感器数码管显示值稳定，再按“▲”或“▼”键调整传感器显示值与通入气体浓度一致。校准成功后，按功能键退出菜单保存数据，最后去掉通气嘴。

技能实训七　局部瓦斯积聚的处理

一、实训目标

学会使用风障引流法和分支风管法处理局部瓦斯积聚，培养动手操作能力和团队合作能力。

二、任务描述

在煤矿采掘过程中，煤（岩）层中涌出的瓦斯会被风流带出矿井，但是煤层瓦斯的分布是不均匀的，矿井中的某些地点可能会因为地质条件、采煤方式、设备运行等因素而导致局部瓦斯积聚，瓦斯积聚是造成瓦斯爆炸的根源，要及时处理。

三、任务准备

（1）备齐并检查所需的风障、分支风管、铁丝、手钳等材料、工具。

（2）学习用风障引流法、分支风管法处理局部积聚瓦斯的操作步骤和注意事项。

四、知识要点

1. 风障引流法

风障引流法是在工作面支柱或支架上悬挂风障，以改变工作面风流的路线，增大向瓦斯积聚地点的供风，从而消除瓦斯积聚的方法。风障的材料可以使用木板、风筒布或帆布等。

2. 分支风管法

有局部通风机送风的区域，可采用分支风管法。在导风筒上开个小口并接上小风筒或胶管，将通风机的小部分风压送至瓦斯积聚处，以吹散积聚的瓦斯。若巷道中无风机及风筒，但有压风管，也可从压风管上接出一个或多个分支风管，送入压风吹散积聚的瓦斯。

五、实训过程

（1）实训前，由指导教师进行风障引流法、分支风管法处理局部积聚瓦斯的讲解和操作演示。

（2）备齐所需的风障、分支风管、铁丝、手钳等材料、工具，做好实训场景的准备。

（3）按照规定的步骤及注意事项完成挂风障、接分支风管的操作。

（4）由指导教师点评并总结操作过程和完成情况。

六、注意事项

（1）实训过程中，学生必须遵守操作规程，按照规定顺序进行操作。

（2）不得野蛮操作，不得损坏工具。

（3）做好安全防护，实训过程中，谨防自身伤害及相互伤害事故。

（4）实训完成后，对所有材料、工具进行清洁，并按要求存放。

七、总结与思考

操作前应首先检查操作地点及其附近的顶板和巷帮有无塌陷的危险，发现危石、浮石必须首先采取措施进行处理，然后才能进行挂风障、接分支风管等操作。风障引流法虽然操作简单、快捷，但引流的风量有限，且风流不稳定，对工作面的作业有一定的影响，一般只作为临时措施在井下使用。分支风管法可用于积聚的瓦斯量较大、冒落空间较大、风障引流难以奏效的情况。

技能实训八　采掘工作面瓦斯浓度检查

一、实训目标

掌握采掘工作面瓦斯（二氧化碳）浓度的检查方法、测点布置及光学瓦斯检测仪的使用方法，培养动手操作能力和数据分析能力。

二、任务描述

矿井瓦斯浓度的有关规定是矿井瓦斯检查及管理的标准和依据。采掘工作面瓦斯浓度检查是矿井预防瓦斯事故灾害的核心工作。因此，只有严格按照《煤矿安全规程》的规定，正确使用瓦斯检测仪检查瓦斯浓度，掌握瓦斯涌出动态，才能有效防止瓦斯事故的发生，确保煤矿安全生产。

三、任务准备

（1）备齐并检查所需光学瓦斯检测仪、空盒气压计、瓦斯检查探杖、胶管等仪器设备。

（2）学习使用光学瓦斯检测仪检测瓦斯和二氧化碳浓度的方法。

（3）学习并掌握采掘工作面检测瓦斯和二氧化碳浓度测点的布置。

四、知识要点

1. 采煤工作面瓦斯检查

（1）测点的选取

采煤工作面瓦斯检查测点的选取以能准确反映该区域的瓦斯情况为准，如图 4–12 所示。测点的数量应根据采煤工作面的通风状况和矿井的瓦斯等级不同适当选取。通风良好的低瓦斯矿井可适当减少测点数，仅选⑦、⑩、⑪ 等测点即可。

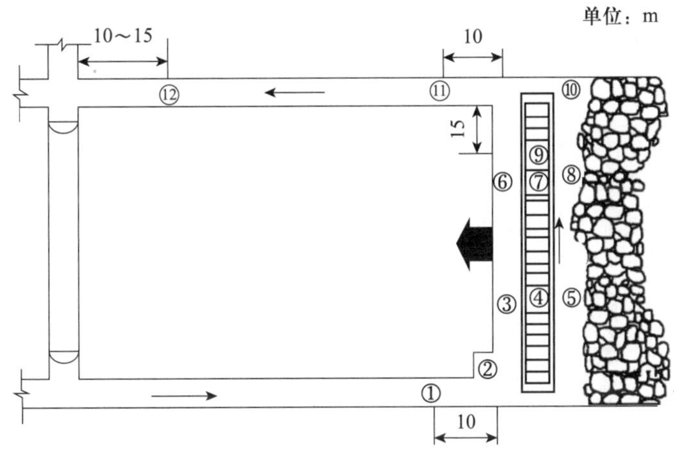

①—采煤工作面进风流中的测点；②—采煤工作面下切口测点；
③、④、⑤—采煤工作面下半部的煤壁侧、输送机道和采空区侧测点；
⑥、⑦、⑧—采煤工作面上半部的煤壁侧、输送机道和采空区侧测点；
⑨—采煤工作面空气温度的测点（输送机道空间中央，距回风巷 15 m）；
⑩—采煤工作面上隅角的测点；⑪—距采煤工作面 10 m 处回风巷中的测点；
⑫—采煤工作面回风流进入采区回风巷前 10～15 m 处风流的测点

图 4–12　采煤工作面瓦斯检查测点布置

（2）测定步骤

1）瓦斯浓度检查

应由进风侧开始，逐段检查，在距顶板（有支架则在顶梁下）200～300 mm 处采取气样，进行检查，每个测点连续检查 3 次，取最大值。

2）二氧化碳浓度检查

在距底板 200～300 mm 处采取气样检查瓦斯浓度，然后去掉二氧化碳吸收管，在同一位置采取气样检查混合气体浓度，最后用混合气体浓度减去瓦斯浓度，差值乘以0.955即为二氧化碳浓度，连续测3次，取最大值。

3）采煤工作空气温度检查

在输送机道空间中央距回风巷口15 m处测定空气温度。

4）记录结果

准确清晰地将上述测定结果分别记入瓦斯检查班报和检查地点的记录牌上，并通知现场工作人员。

（3）测定时的注意事项

初次放顶前的采空区内也应选点测定，以便对采空区的瓦斯做到心中有数；重点检查回采工作面上隅角，因为此区域是采煤工作面风流拐角处，风流不易带走瓦斯，同时此区域又是采空区瓦斯涌出的通道，易造成瓦斯积聚；准确掌握《煤矿安全规程》对采煤工作面瓦斯浓度的要求及相应的应对措施；在检查的同时还应注意通风设备及其他设备设施是否存在问题，发现问题及时汇报；在测定时应注意自身安全，防止冒顶、片帮或运输等因素造成的伤害；测点应选在顶板、支护完好的地点。

2. 掘进工作面瓦斯检查

（1）测点的选取

掘进工作面风流及其回风流中的瓦斯和二氧化碳浓度的测定，应根据掘进巷道布置情况和通风方式确定。下面仅以单巷掘进采用压入式局部通风为例，单巷掘进采用压入式局部通风掘进工作面风流和掘进工作面回风流及测点位置，如图4-13所示。

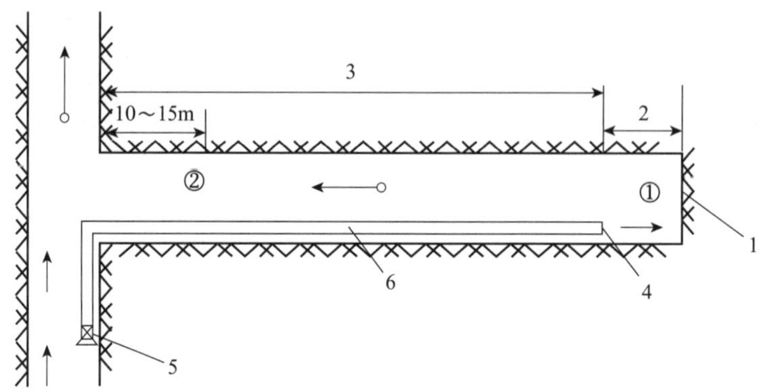

1—掘进工作面；2—掘进工作面风流；3—掘进工作面回风流；4—风筒出风口；5—压入式局部通风机；6—风筒；
①—掘进工作面风流测点；②—掘进工作面回风流测点

图4-13 单巷掘进压入式局部通风系统风流及测点布置

（2）测定步骤

1）掘进工作面回风流中瓦斯和二氧化碳浓度检查

掘进工作面回风流中的瓦斯和二氧化碳通常在距掘进巷道出风口10～15 m的稳定风流处进行检查。工作面回风巷风流中的瓦斯和二氧化碳的检查方法与采煤工作面的瓦斯和二氧化碳检查方法相同，连续测3次，取最大值。

2）掘进工作面风流中瓦斯和二氧化碳浓度的检查

应在工作面上部，选取左、右顶角距顶、帮、工作面各 200 mm 处测瓦斯浓度，工作面第一架棚左、右柱窝距帮、底各 200 mm 处测二氧化碳浓度。每个测点连续测 3 次，并取最大值。

3）记录结果

准确清晰地将上述测定结果分别记入瓦斯检查班报和检查地点的记录牌上，并通知现场工作人员。

（3）测定时的注意事项

首先检查局部通风机安设位置是否符合规定，是否发生循环风及是否挂牌有专人管理；检查时应由外向内进行，当瓦斯浓度或其他有害气体浓度超过《煤矿安全规程》时，立即停止前进或退到进风流中，并通知有关人员和部门进行处理；在检查风流瓦斯浓度的同时，还必须注意检查有无局部瓦斯积聚；检查风筒末端至工作面的距离、供风量是否符合规定及风筒吊挂和安设质量，风筒有无破口等；检查甲烷传感器或断电仪是否符合规定，是否正常运行；上山掘进重点检查瓦斯，下山掘进重点检查二氧化碳；注意自身安全，以防爆破、运输及炮烟熏人等事故的发生。

五、实训过程

（1）实训前，由指导教师进行光学瓦斯检测仪的结构、原理、操作步骤和注意事项的讲解与演示。

（2）备齐所需的光学瓦斯检测仪、空盒气压计、瓦斯检查探杖、胶管等仪器设备，并做好实训场景的准备。

（3）按照规定的步骤及注意事项完成采掘工作面各测点瓦斯和二氧化碳的测定工作。

（4）由指导教师点评并总结光学瓦斯检测仪的操作、采掘工作面各测点瓦斯和二氧化碳检测过程和结果。

六、注意事项

（1）实训过程中，学生必须遵守操作规程，按照规定顺序进行操作。

（2）不得野蛮操作，不得损坏仪器设备。

（3）做好安全防护，实训过程中，谨防自身伤害及相互伤害事故。

（4）实训完成后，对所有仪器设备进行清洁，并按要求存放。

七、总结与思考

当被测地点空气温度、压力与标定光学瓦斯检测仪时的温度、压力相差较大时，应进行校正；光学瓦斯检测仪对零时应选择靠近测定地点且与测定地点标高相差不大、温度相近的新鲜风流中内进行，以防光学瓦斯检测仪零点漂移；测定时应确保药品吸收管内的药品有效、粒径大小适中，以防止所测的结果偏差过大。

技能实训九　采掘工作面甲烷传感器的设置与调校

一、实训目标

掌握采掘工作面甲烷传感器的设置要求和方法，学会调校甲烷传感器，培养动手操作能力。

二、任务描述

矿用甲烷传感器是矿井安全监控中最重要的设备之一，能够连续监测井下甲烷浓度的变化情况，弥补了人工检查甲烷浓度时间间隔长、发现问题不及时、配合生产不紧密的缺陷。因此，学会按照规定设置和调校甲烷传感器十分重要。

三、任务准备

（1）学习采掘工作面甲烷传感器的设置要求和方法，以及甲烷传感器的调校方法和步骤。

（2）备齐并检查甲烷传感器、手钳、铁丝、钢卷尺、校准气体和配套减压阀、气体流量计等仪器设备、工具、材料。

四、知识要点

1. 采掘工作面甲烷传感器的设置要求

1）通用要求

甲烷传感器应垂直悬挂，距顶板（顶梁、屋顶）不得大于 300 mm，距巷道侧壁（墙壁）不得小于 200 mm，并应安装维护方便，不影响行人和行车。

2）采煤工作面甲烷传感器的设置

①回风隅角应设置甲烷传感器 T_0，安设在距切顶线小于或等于 1 m 的位置。

②工作面应设置甲烷传感器 T_1，安设在距采煤工作面小于或等于 10 m 范围之内，巷道中线靠人行道侧。

③回风巷应设置甲烷传感器 T_2，安设在回风外口以里 10～15 m 处。

④煤与瓦斯突出矿井在采煤工作面进风巷应设置甲烷传感器 T_3 和 T_4，T_3 应安设在距采煤工作面小于或等于 10 m 处，T_4 应安设在进风外口以里 10～15 m 处。

⑤采用串联通风时，被串工作面的进风巷应设置甲烷传感器 T_4，安设在进风外口以里 10～15 m 处。

⑥高瓦斯和煤与瓦斯突出矿井采煤工作面的回风巷长度大于 1 000 m 时，应在回风巷中部增设甲烷传感器。

3）掘进工作面甲烷传感器的设置

①工作面混合风流处应设置甲烷传感器 T_1，安设在距掘进工作面小于或等于 5 m 处。

②工作面回风流中应设置甲烷传感器 T_2，安设在回风外口以里 10～15 m 处，必须悬挂在风筒异侧。

③采用串联通风的掘进工作面，应在被串工作面局部通风机前设置掘进工作面进风流甲烷传感器 T_3，安设在风机前 3～5 m 处。

④煤与瓦斯突出矿井掘进工作面的进风分风口处应设置甲烷传感器 T_4，安设在风机所在进风巷道与工作面回风交叉口向进风巷方向 10～15 m 处。

⑤高瓦斯和煤与瓦斯突出矿井掘进工作面长度大于 1 000 m 时，应在掘进巷道中部增设甲烷传感器。

2. 低浓度载体催化式甲烷传感器调校方法

低浓度载体催化式甲烷传感器每隔 15 日至少调校 1 次。

调校器材：1%～2% CH_4 校准气体、配套减压阀、气体流量计和橡胶软管、空气样。

调校程序：空气样用橡胶软管连接传感器气室，调节流量控制阀把流量调节到传感器说明书规定值，调校零点，控制范围在 0～0.03% CH_4 之内；校准气瓶流量计出口用橡胶软管连接传感器气室，打开气瓶阀门，先用小流量向传感器缓慢通入 1%～2% CH_4 校准气体，在显示值缓慢上升的过程中，观察报警值和断电值，然后调节流量控制阀把流量调节到传感器说明书规定的流量，使其测量值稳定显示，若显示值与校准气体浓度值一致，且持续时间大于 90 s，则为合格；若显示值超过误差允许范围，则应更换传感器，预热后重新测试。在通气的过程中，观察报警值、断电值是否符合要求，注意声光报警和实际断电情况，当显示值小于 1% CH_4 时，测试复电功能；测试结束后关闭气瓶阀门。

五、实训过程

（1）实训前，由指导教师进行采掘工作面甲烷传感器设置及甲烷传感器调校的讲解和操作演示。

（2）备齐所需的甲烷传感器、校准气体和配套减压阀、手钳、铁丝、钢卷尺、气体流量计等仪器设备、材料、工具，并做好实训场景的准备。

（3）学生绘制“U”形、“Z”形、“Y”形、“H”形、“W”形采煤工作面甲烷传感器设置示意图。

（4）到设置好的实训场景处完成采掘工作面规定位置的甲烷传感器吊挂工作。

（5）按照要求完成甲烷传感器的调校工作。

（6）由指导教师点评并总结操作过程和完成情况。

六、注意事项

（1）实训过程中，学生必须遵守操作规程，按照规定顺序进行操作。

（2）不得野蛮操作，不得损坏仪器设备。

（3）做好安全防护，实训过程中，谨防自身伤害及相互伤害事故。

（4）实训完成后，对所有仪器设备进行清洁，并按要求存放。

七、总结与思考

采掘工作面是矿井瓦斯的主要来源区域，为能及时监测采掘工作面瓦斯浓度变化情况，必须按照规定设置甲烷传感器。在井下安装布置甲烷传感器时，一般要求将甲烷传感器布置在巷道顶板坚固、无淋水、安装维护方便处；在有风筒的巷道中，严禁挂在风筒出风口和风筒漏风处；传感器设置的报警浓度、断电浓度、复电浓度和断电范围应符合《煤矿安全规程》规定。

思考练习题

1. 瓦斯爆炸会产生哪些效应和危害？
2. 简述瓦斯爆炸的条件。
3. 煤矿井下造成瓦斯积聚的原因有哪些？
4. 井下引爆瓦斯的点火源有哪些？
5. 处理采煤工作面上隅角瓦斯积聚的方法有哪些？
6. 如何防止明火引爆瓦斯？
7. 采掘工作面甲烷和二氧化碳浓度检查次数是如何规定的？
8. 简述采掘工作面瓦斯检查方法和要求。
9. 简述“一炮三检”“三人连锁爆破”制度的含义。
10. 井下哪些地点必须设置甲烷传感器？

第五章

矿井瓦斯抽采

本章学习目标

1. 了解瓦斯抽采的目的、意义、难易程度等基础知识；
2. 熟悉矿井瓦斯抽采方法；
3. 了解瓦斯抽采设计的基本参数、原则及内容；
4. 熟悉瓦斯抽采系统的构成及抽采设备；
5. 掌握瓦斯抽采钻孔的施工方法及要求；
6. 掌握瓦斯抽采泵等抽采设备的操作方法。

学习引导

瓦斯治理必须坚持标本兼治、重在治本。通过抽采，降低煤层中的瓦斯含量，从根本上防治瓦斯灾害。抽采瓦斯不仅可以降低开采过程中的瓦斯涌出量，防止瓦斯超限和积聚，预防瓦斯爆炸和煤与瓦斯突出事故，还可变害为利，将瓦斯作为煤炭伴生的资源加以开发利用。瓦斯抽采是防范瓦斯事故的治本之策，必须努力实现抽采达标。因此要加大瓦斯抽采力度，提高抽采率和利用率。

第一节　矿井瓦斯抽采技术与方法

一、矿井瓦斯抽采的目的、意义

矿井瓦斯抽采是指为了减少和解除矿井瓦斯对煤矿安全生产的威胁，利用机械设备和专用管道造成的负压，将煤层中存在或释放出来的瓦斯抽出来，输送到地面或其他安全地点的方法。

1. 瓦斯抽采的目的

（1）预防瓦斯超限，确保矿井安全生产。矿井、采区或工作面用通风方法将瓦斯控制在《煤矿安全规程》规定的浓度在技术上难以实现，或虽然可以实现但经济上不合理时，应考虑抽采瓦斯。

（2）开采保护层时，应抽采被保护层的卸压瓦斯。抽采近距离被保护层的瓦斯可减少保护层工作面和采空区的瓦斯涌出量，保证保护层安全顺利地回采。抽采远距离被保护层的瓦斯可以扩大保护范围，后期在被保护层内进行掘进和回采时，瓦斯涌出量会显著减少。

（3）无保护层开采的矿井，预抽瓦斯可作为区域或局部防突措施来使用。

（4）开发利用瓦斯资源，变害为利、变废为宝。

2. 瓦斯抽采的条件

（1）任一采煤工作面的瓦斯涌出量大于 5 m^3/min 或者任一掘进工作面瓦斯涌出量大于 3 m^3/min，用通风方法解决瓦斯问题不合理的。

（2）矿井绝对瓦斯涌出量达到下列条件的：

①大于或者等于 40 m^3/min。

②年产量 1～1.5 Mt 的矿井，大于 30 m^3/min。

③年产量 0.6～1.0 Mt 的矿井，大于 25 m^3/min。

④年产量 0.4～0.6 Mt 的矿井，大于 20 m^3/min。

⑤年产量小于或者等于 0.4 Mt 的矿井，大于 15 m^3/min。

（3）开采保护层时，应当同时抽采被保护层和邻近层的瓦斯。

（4）有突出危险煤层的新建矿井必须先抽后建。矿井建设开工前，应当对首采区突出煤层进行地面钻井预抽瓦斯，且预抽率应当在 30% 以上。

（5）采用放顶煤开采时，高瓦斯、突出矿井的煤层，应当采取以预抽方式为主的综合抽采瓦斯措施，保证本煤层瓦斯含量不大于 6 m^3/t。

（6）突出矿井煤层瓦斯压力达到或者超过 3 MPa 的区域，必须采用地面钻井预抽煤层瓦斯，或者开采保护层的区域防突措施，或者采用井下顶（底）板巷道远程操控方式施工区域防突措施钻孔，并编制专项设计方案。

（7）开采保护层时，应当不留设煤（岩）柱。特殊情况需留煤（岩）柱时，在煤（岩）柱及其影响范围内采掘作业前，必须采取区域预抽煤层瓦斯防突措施。

3. 瓦斯抽采的意义

瓦斯抽采的意义就是减少和消除瓦斯威胁，保证煤矿安全生产，其意义主要表现在以下方面：

（1）瓦斯抽采可以减少开采时的瓦斯涌出量，从而减少瓦斯隐患和瓦斯事故，是保证安全生产的一项预防性措施。

（2）瓦斯抽采可以减少通风负担，降低通风费用，还能够解决仅靠通风难以解决的瓦斯

问题。

（3）煤层中的瓦斯同煤炭一样是一种地下资源，将瓦斯抽送到地面作为原料和燃料加以利用，可以产生可观的经济效益。

（4）将抽采出的瓦斯加以利用，可减少排放到大气中的瓦斯，进而缓解温室效应，起到保护环境的作用。

二、矿井瓦斯抽采难易程度及效果评价指标

1. 煤层瓦斯抽采难易程度分类指标

煤层瓦斯抽采难易程度主要是针对抽采方法而言的，主要有钻孔瓦斯流量衰减系数和煤层透气性系数两项指标。

煤层预先抽采时，煤层瓦斯抽采难易程度划分为三类，即容易抽采、可以抽采、较难抽采，见表 5－1。

表 5－1　　煤层瓦斯抽采难易程度

类别	钻孔瓦斯流量衰减系数 / d^{-1}	煤层透气性系数 / $[m^2/(MPa^2 \cdot d)]$
容易抽采	<0.003	>10
可以抽采	0.003～0.050	10～0.1
较难抽采	>0.050	<0.1

注：当按钻孔瓦斯流量衰减系数和煤层透气性系数判断出现结果不一致时，以煤层透气性系数为准。

（1）钻孔瓦斯流量衰减系数

钻孔瓦斯流量衰减系数是表示钻孔瓦斯流量随着时间延续呈衰减变化关系的系数。

选择具有代表性的地区打钻孔，先测其初始瓦斯流量 q_0，经过时间 t 后，再测其瓦斯流量 q_t，然后按式（5－1）计算：

$$q_t = q_0 \cdot e^{-at} \tag{5-1}$$

式中，a——钻孔瓦斯流量衰减系数，d^{-1}；

q_0——钻孔初始瓦斯流量，m^3/min；

q_t——经 t 时间后的钻孔瓦斯流量，m^3/min；

t——时间，d。

钻孔瓦斯流量衰减系数可使用 TWY 突出危险预报仪进行测定，操作步骤参见技能实训六。

（2）煤层透气性系数

煤层透气性系数是反映瓦斯沿煤层流动的难易程度的系数，用于表征煤层对瓦斯流动的阻力，以及瓦斯抽采的难易程度。煤层透气性系数大表明容易抽采瓦斯，透气性系数小则表明难以抽采瓦斯。煤层透气性系数的测定方法及步骤参见技能实训一。

2. 煤层瓦斯抽采效果评价指标

（1）矿井瓦斯抽采率

通过抽采主管的计量装置，测定矿井正常生产期间每天的瓦斯抽采量。矿井瓦斯抽采量包括开拓开采范围内地面钻井抽采、井下抽采（抽至地面部分）的瓦斯量。每月底按照式（5－2）计算矿井月平均瓦斯抽采率 η_k：

$$\eta_k = \frac{Q_{kc}}{Q_{kc} + Q_{kf}} \times 100\% \quad (5-2)$$

式中，η_k——矿井瓦斯抽采率，%；

Q_{kc}——矿井月平均瓦斯抽采量，m^3/min；

Q_{kf}——矿井月平均风排瓦斯量，m^3/min。

矿井瓦斯抽采率应符合表 5－2 规定。

表 5－2　矿井瓦斯抽采率应达到的指标

矿井绝对瓦斯涌出量 Q/（m^3/min）	矿井瓦斯抽采率 η_k/%
$Q<20$	≥25
$20 \le Q<40$	≥35
$40 \le Q<80$	≥40
$80 \le Q<160$	≥45
$160 \le Q<300$	≥50
$300 \le Q<500$	≥55
$500 \le Q$	≥60

（2）采煤工作面瓦斯抽采率

通过抽采主管的计量装置，每周测定工作面正常回采期间的瓦斯抽采量（含井下移动抽采）。每月底按照式（5－3）计算工作面月平均瓦斯抽采率 η_m：

$$\eta_m = \frac{Q_{mc}}{Q_{mc} + Q_{mf}} \times 100\% \quad (5-3)$$

式中，η_m——采煤工作面瓦斯抽采率，%；

Q_{mc}——工作面月平均瓦斯抽采量，m^3/min；

Q_{mf}——工作面月平均风排瓦斯量，m^3/min。

瓦斯涌出量主要来自邻近层和围岩时，采煤工作面瓦斯抽采率应符合表 5－3 规定。

表 5－3　采煤工作面瓦斯抽采率应达到的指标

工作面绝对瓦斯涌出量 Q/（m^3/min）	工作面瓦斯抽采率 η_m/%
$5 \le Q<10$	≥20
$10 \le Q<20$	≥30

续表

工作面绝对瓦斯涌出量 Q /（m^3/min）	工作面瓦斯抽采率 η_m /%
20≤Q<40	≥40
40≤Q<70	≥50
70≤Q<100	≥60
100≤Q	≥70

（3）地面井瓦斯预抽率

地面井瓦斯预抽率按照式（5－4）进行计算：

$$\eta_d = \frac{Q_{dc}}{R} \times 100 \tag{5-4}$$

式中，η_d——地面井瓦斯预抽率，%；

Q_{dc}——目标煤层抽采控制范围内地面井（群）累计瓦斯抽采量，m^3；

R——目标煤层抽采控制范围内的瓦斯储量，m^3。

（4）煤层瓦斯含量及煤层瓦斯压力

煤层瓦斯含量的测定参见技能实训二，煤层瓦斯压力的测定参见技能实训三。

突出煤层工作面采掘作业前应将控制范围内的煤层瓦斯含量或瓦斯压力降到实际考察的临界值以下。没有实际考察出临界值时，应将瓦斯含量降到 8 m^3/t 以下或将煤层瓦斯压力降到 0.74 MPa（相对压力）以下。控制范围如下：

①井巷（立井、斜井、石门）揭煤工作面沿煤层层面方向的距离应达到巷道轮廓线外 12 m（急倾斜煤层底部或者下帮 6 m）以上、外边缘到揭煤段巷道轮廓线的最小垂距不小于 5 m。抽采瓦斯钻孔如果不能穿透煤层全厚，应控制到工作面前方 20 m 以上。

②煤巷掘进工作面巷道轮廓线外 15 m 以上（倾斜、急倾斜煤层上帮 20 m，底板或下帮 10 m）及工作面前方 20 m 以上。

③采煤工作面前方 20 m 以上。

④厚煤层分层开采时，抽采瓦斯钻孔不能一次性穿透的，应控制开采分层及其上部法向距离至少 20 m、下部 10 m 范围内的煤层。

（5）煤的可解吸瓦斯量

煤的可解吸瓦斯量按照式（5－5）进行计算：

$$W_j = W - W_c \tag{5-5}$$

式中，W_j——煤的可解吸瓦斯量，m^3/t；

W——煤层瓦斯含量，m^3/t；

W_c——煤的残存瓦斯量（在 0.1 MPa、温度为 30 ℃时，煤样解吸后仍残留在煤样中的瓦斯量），m^3/t。

瓦斯涌出量主要来自开采层时，采煤工作面前方 20 m 以上范围内煤的可解吸瓦斯量应符合表 5-4 规定。

表 5-4　采煤工作面回采前煤的可解吸瓦斯量应达到的指标

工作面日产量 A/t	可解吸瓦斯量 W_j/（m^3/t）
A≤1 000	≤8
1 000＜A≤2 500	≤7
2 500＜A≤4 000	≤6
4 000＜A≤6 000	≤5.5
6 000＜A≤8 000	≤5
8 000＜A≤10 000	≤4.5
A＞10 000	≤4

三、矿井瓦斯抽采方法

1. 瓦斯抽采基本术语

①预抽煤层瓦斯：在煤层未受到采动以前进行的瓦斯抽采。

②抽采卸压瓦斯：抽采受采动影响和经人为松动卸压煤（岩）层的瓦斯。

③开采层瓦斯抽采：抽采开采煤层的瓦斯。

④邻近层瓦斯抽采：抽采邻近层煤（岩）层瓦斯。

⑤采空区瓦斯抽采：抽采工作面采空区（半封闭式）或老采空区（全封闭式）的瓦斯。

⑥地面钻井抽采：在地面向井下煤（岩）层施工钻井抽采瓦斯。

⑦综合抽采方法：在一个矿井或工作面同时采用两种及以上方法抽采瓦斯。

⑧穿层钻孔：在岩石巷道或煤层巷道内向邻近煤层施工的钻孔。

⑨顺层钻孔：在煤层巷道内，沿煤层布置的钻孔。

⑩高抽巷：布置在回采工作面上部采动影响裂隙带内并采用密闭方式抽采上邻近层卸压瓦斯或工作面采空区瓦斯的专用巷道。

⑪高位钻孔：在风巷向开采煤层顶板裂隙带施工的抽采钻孔。

⑫瓦斯抽采巷：布置有钻场、钻孔，并敷设抽采管路的巷道。

2. 瓦斯抽采方法分类

①按抽采瓦斯的来源分类，主要有开采层瓦斯抽采、邻近层瓦斯抽采、采空区瓦斯抽采和围岩瓦斯抽采。各类瓦斯抽采方法及抽采率见表 5-5。

②按抽采与采掘的时间关系分类，主要有预抽、边采边抽、边掘边抽等。

③按抽采工艺分类，主要有巷道抽采、钻孔抽采和巷道钻孔混合抽采。

表 5-5　　　　**瓦斯抽采方法分类表**

<table>
<tr><th colspan="2">分类</th><th colspan="2">方法简述</th><th>适用条件</th><th>工作面抽采率 / %</th></tr>
<tr><td rowspan="17">开采层瓦斯抽采</td><td rowspan="6">未卸压抽采</td><td rowspan="2">岩巷揭煤与煤巷掘进抽采</td><td>由岩巷向煤层打穿层钻孔抽采</td><td rowspan="2">高瓦斯煤层或有突出危险煤层</td><td>10～30</td></tr>
<tr><td>由巷道工作面打超前钻孔抽采</td><td>10～30</td></tr>
<tr><td rowspan="4">采区（工作面）大面积抽采</td><td>由开采层工作面运输巷、回风巷、煤门打上下向顺层钻孔抽采或打交叉钻孔抽采</td><td rowspan="4">有预抽时间的高瓦斯煤层</td><td>10～30</td></tr>
<tr><td>由岩巷、石门、邻近层打穿层钻孔抽采，突出煤层瓦斯预抽可采用网格布孔</td><td>10～20</td></tr>
<tr><td>地面钻孔抽采</td><td>10</td></tr>
<tr><td>密闭开采层巷道抽采</td><td>10</td></tr>
<tr><td rowspan="3">采动卸压抽采</td><td>边掘边抽</td><td>由巷道两侧或沿巷道向掘进巷道周围打钻孔抽采</td><td>瓦斯涌出量大的掘进巷道</td><td>20～30</td></tr>
<tr><td rowspan="2">边采边抽</td><td>由运输巷、回风巷向工作面前方卸压区打钻孔抽采</td><td rowspan="2">煤层透气性较小，预抽时间不充分的煤层</td><td>10～20</td></tr>
<tr><td>由岩巷、煤门向开采层上部或下部未采的分层打穿层孔或顺层孔抽采</td><td>10～20</td></tr>
<tr><td rowspan="4">人为卸压抽采</td><td>水力割缝</td><td>由工作面运输巷打顺层钻孔用水力割煤</td><td rowspan="4">多用于低透气性煤层预抽</td><td>20～30</td></tr>
<tr><td>松动爆破</td><td>由工作面运输巷或回风巷打顺层钻孔进行松动爆破</td><td>20～30</td></tr>
<tr><td>水力压裂</td><td>由岩巷或地面打钻孔进行水力压裂</td><td>>30</td></tr>
<tr><td>控制爆破</td><td>由工作面运输巷或回风巷打顺层钻孔，控制孔不装药，爆破孔装药进行爆破</td><td>>30</td></tr>
<tr><td colspan="2" rowspan="5">邻近层瓦斯抽采</td><td rowspan="5">上下邻近层</td><td>由工作面运输巷、回风巷或岩巷向邻近层打钻孔抽采</td><td rowspan="5">瓦斯来源于邻近层的工作面</td><td>30～60</td></tr>
<tr><td>由工作面运输巷、回风巷打斜交迎面钻孔抽采</td><td>30～60</td></tr>
<tr><td>由煤门打顺层钻孔抽采</td><td>30～60</td></tr>
<tr><td>在邻近层掘进专用瓦斯巷道抽采</td><td>30～60</td></tr>
<tr><td>地面钻孔抽采</td><td>30～45</td></tr>
<tr><td colspan="2" rowspan="3">采空区瓦斯抽采</td><td>全封闭式抽采</td><td>密闭采空区插管抽采</td><td>瓦斯涌出量大的老采空区</td><td>15</td></tr>
<tr><td rowspan="2">半封闭式抽采</td><td>由现采空区后方设密闭墙插管抽采</td><td rowspan="2">采空区瓦斯涌出量大的回采工作面</td><td>30</td></tr>
<tr><td>由采空区附近巷道向采空区上方打钻孔抽采</td><td>30</td></tr>
<tr><td colspan="2" rowspan="2">围岩瓦斯抽采</td><td rowspan="2">围岩裂隙与溶洞</td><td>由巷道向裂隙带或溶洞打钻孔抽采</td><td rowspan="2">有围岩瓦斯涌出或瓦斯喷出危险地区</td><td rowspan="2">—</td></tr>
<tr><td>密闭巷道抽采</td></tr>
</table>

3. 抽采瓦斯方法的选择

瓦斯抽采方法主要根据矿井（或采区）瓦斯来源、煤层赋存条件、采掘布置、开采技术条件等综合确定。

（1）预抽煤层瓦斯方式应根据煤层突出危险性、抽采时间和抽采目的等因素确定，并应符合下列规定：

①突出煤层宜设置瓦斯抽采巷，并应布置穿层钻孔预抽煤巷条带及工作面区域的瓦斯。

②非突出煤层宜采用顺层钻孔预抽。

③厚及中厚稳定煤层可采用大直径、长钻孔等预抽。

（2）较难抽采的煤层，可选用水力割缝、水力压裂、松动爆破、深孔预裂爆破、高压水射流扩孔等方法增加煤层透气性。

（3）抽采卸压瓦斯方法应符合下列规定：

①宜利用顶、底板瓦斯抽采巷布置穿层钻孔抽采。

②根据上邻近层瓦斯涌出情况可采用高抽巷、高位钻孔、水平长钻孔等方式抽采。

（4）抽采采空区瓦斯方法应符合下列规定：

①封闭采空区采用钻孔或插管等方式抽采。

②回采工作面采空区可采用埋管、高抽巷或布置钻孔等方式抽采。

（5）地面钻井预抽应符合下列规定：

①有突出危险煤层的新建矿井必须先抽后建；矿井建设开工前，应对首采区突出煤层进行地面钻井预抽瓦斯，且预抽率应在 30% 以上。

②应根据地形、储气层条件等选择井型；生产矿井近期开采区域预抽，宜采用直立井。

（6）具备下列条件之一的矿井，可采用地面钻井抽采采动区瓦斯：

①开采煤层群矿井，回采工作面上邻近层瓦斯涌出量大。

②采动稳定区瓦斯资源丰富，具有经济开采价值。

（7）瓦斯涌出来源多、涌出量大、瓦斯灾害严重、开采强度大的矿井，应采用综合抽采方法进行瓦斯抽采。

四、开采层瓦斯抽采

开采层瓦斯抽采（又称本煤层瓦斯抽采）就是在煤层开采之前或采掘的同时，用钻孔或巷道进行该煤层的抽采工作，以减少煤层的瓦斯含量和回风流中的瓦斯浓度，确保煤层开采过程中的安全。按其抽采机理可分为未卸压抽采和卸压抽采，煤层回采前的抽采属于未卸压抽采，在受到采掘工作面影响的范围内的抽采，属于卸压抽采。按其汇集瓦斯的方法可分为钻孔抽采、巷道抽采和巷道与钻孔综合抽采。

1. 未卸压抽采

未卸压抽采就是煤层在采掘之前，利用打入未卸压原始煤体中的钻孔进行瓦斯预抽。其预抽效果与原始煤层透气性的大小和瓦斯压力的大小有关。煤层透气性越小，瓦斯压力越低，越难抽出瓦斯。对于透气性系数大或没有邻近卸压条件的煤层，可以有效预抽原始煤体瓦斯。未卸压抽采按钻孔与煤层的关系可分为穿层钻孔和顺层钻孔；按钻孔角度可分上向孔、下向孔和水平孔。

（1）穿层钻孔

穿层钻孔是在开采煤层的顶（底）板岩巷（或煤巷）或邻近煤层巷道中，每隔一段距离开一长度约为 10 m 的钻场，从钻场向煤层施工 3～5 个穿透煤层全厚的钻孔，钻孔直径在煤层透气性好时一般为 75～120 mm，煤层透气性差时一般为 200～300 mm。钻孔穿透煤层后，将钻孔或整个钻场封闭起来，安设抽采瓦斯管路并与抽采系统连接，如图 5-1 所示，即可进行煤层瓦斯预抽。

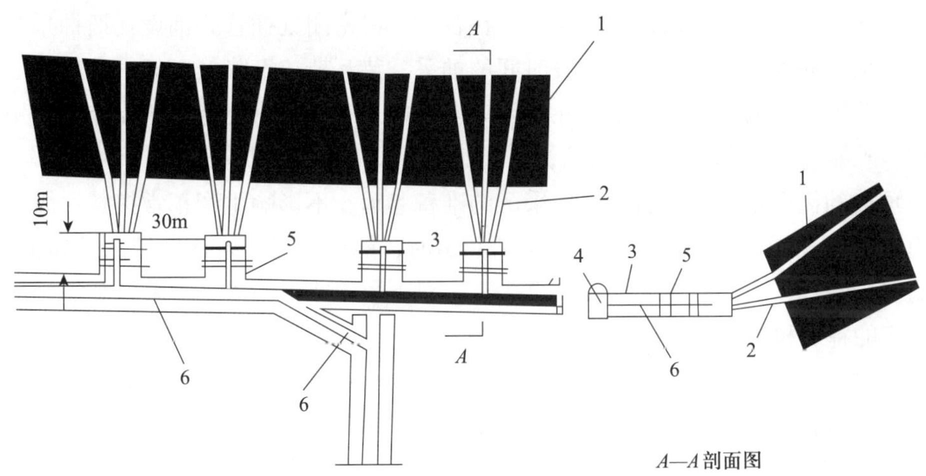

1—煤层；2—钻孔；3—钻场；4—运输大巷；5—封闭墙；6—瓦斯管路

图 5-1　穿层钻孔抽采瓦斯示意图

这种抽采方法的特点是施工方便，可以长时间预抽。如果是厚煤层分层开采，第一分层回采后，还可以在卸压的条件下，抽采未采分层的瓦斯。穿层钻孔主要适用于煤层的透气性系数较大、有较长预抽时间的近距离煤层群或厚煤层。

（2）顺层钻孔

顺层钻孔是在巷道进入煤层后再沿煤层所打的钻孔，可以用于石门见煤处、煤巷及采煤工作面。一般多用于采煤工作面，在开采煤层的运输巷和回风巷沿煤层倾斜方向施工顺层倾向钻孔，或由采区上、下山沿煤层走向施工水平钻孔，封孔安装抽采管路并与抽采系统连接进行抽采，钻孔布置形式如图 5-2 所示。工作面切眼附近抽采钻孔施工完成后，抽采一段时间再进行工作面回采。

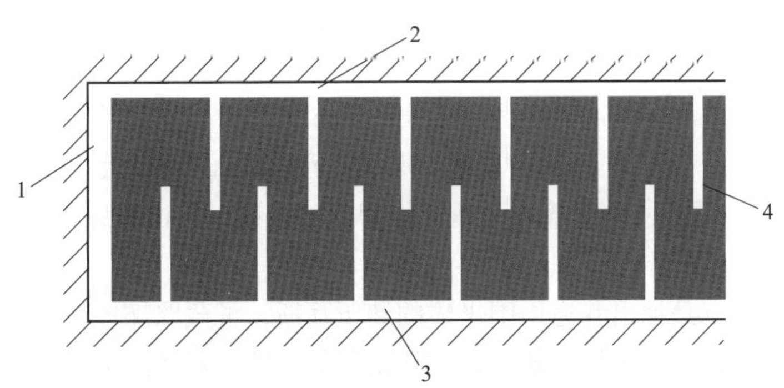

1—采煤工作面切眼；2—回风巷；3—运输巷；4—钻孔

图 5-2　顺层钻孔布置示意图

这种抽采方法的特点是常受采掘接替的限制，抽采时间不长，对抽采效果有影响。顺层钻孔主要适用于煤层赋存条件稳定、地质变化小的单一厚煤层。

（3）巷道预抽

巷道预抽是在采区回采之前，按照采区设计的巷道布置，提前掘进出巷道，构成系统，然后将所有入、排风口都加以密闭，同时，在各排风口密闭处插管并铺设瓦斯抽采管路，将煤层中的瓦斯预先抽采出来。经过一段时间的抽采，待瓦斯浓度降低至规定的范围后，即可回采。抽采瓦斯巷道的设计与布置，除必须完全适应未来开采需要外，还要充分利用瓦斯流动的特性，既能抽采本采段的煤层瓦斯，又能截抽下段的煤层瓦斯。

巷道预抽的优点是可以提前掘进出采区的准备巷道，不影响生产正常接替；煤壁暴露面积大，有利于瓦斯涌出和抽采；在掘进瓦斯巷道时，能进一步了解该区域的瓦斯涌出形式、地质构造等，有利于采取对策，实现安全生产；对下段（或下一水平）采区和邻区的煤层瓦斯，有一定的释放和截抽作用。

巷道预抽的缺点是掘进时瓦斯涌出量大，施工困难；在掘进瓦斯巷道时，部分释放出的瓦斯会随风流排掉，减少了可供抽采的瓦斯量；由于矿压的作用，很难保持瓦斯巷道中密闭系统气密性，容易进入空气，使抽出的瓦斯浓度降低；巷道布置必须符合采煤工作要求，不能随意改变；巷道要封闭 2～3 年的时间，其中的设备设施会因缺乏维护而老化失效，给后期采煤巷道维修增加了工作量，也给煤层顶板管理带来一定困难。

从技术、经济和安全等角度综合分析，虽然巷道预抽具有一些优点，但其缺点更为显著，因而随着抽采技术的发展，已被其他抽采方法替代。

巷道抽采虽然已不再是主要的抽采瓦斯方法，但仍可以作为辅助方法使用。如矿井已经建立了抽采系统，并进行正常抽采，而部分煤巷暂时不用或有的巷道瓦斯涌出量较大，这时即可使用巷道抽采方法进行密闭抽采，这样既可以减少矿井瓦斯涌出量，也可以增加抽采瓦斯量。

2. 卸压抽采

卸压抽采是在煤层掘进巷道或回采时，向受采掘影响形成的卸压区和应力集中区内施工抽采瓦斯钻孔，利用卸压区域内煤体膨胀变形和透气性增加的特性，提高煤层瓦斯的抽采量，阻截瓦斯涌向工作空间。卸压抽采的方法主要有边掘边抽、先抽后掘和边采边抽。

（1）边掘边抽

边掘边抽是当掘进煤层巷道瓦斯涌出量大于 3 m^3/min 时，在煤巷掘进巷道两帮交错掘出一个抽采钻场，并在钻场内布置钻孔，如图 5-3 所示。其抽采原理是利用掘进巷道周围卸压煤体瓦斯流量的增加，通过钻孔截取深处煤体涌出的瓦斯，并由安设的瓦斯抽采系统抽出，从而减少涌入巷道的瓦斯量。

此抽采方法的优点是抽出巷道周围煤体的卸压瓦斯，可截取煤体深处涌出的瓦斯，减少涌入巷道的瓦斯量，抽采效果好；缺点是钻孔易漏气，抽采瓦斯的浓度难以控制。边掘边抽适用于透气性低，掘进煤层巷道时瓦斯涌出量超过 3 m^3/min，仅靠通风难以解决瓦斯问题的情况。

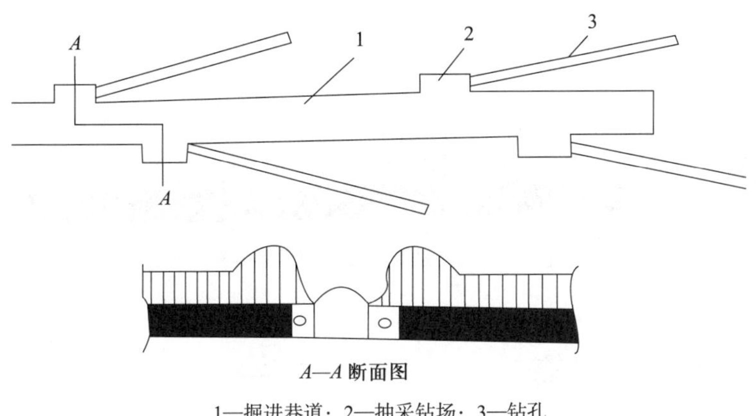

1—掘进巷道；2—抽采钻场；3—钻孔

图 5-3　边掘边抽钻孔布置示意图

（2）先抽后掘

先抽后掘就是在工作面布置迎头抽采钻孔，并通过钻孔将煤体卸压区内的瓦斯抽出，以减少煤体内的瓦斯量。抽采钻孔一般呈扇形布置，如图 5-4 所示，钻孔数目可根据钻孔有效抽采半径确定。

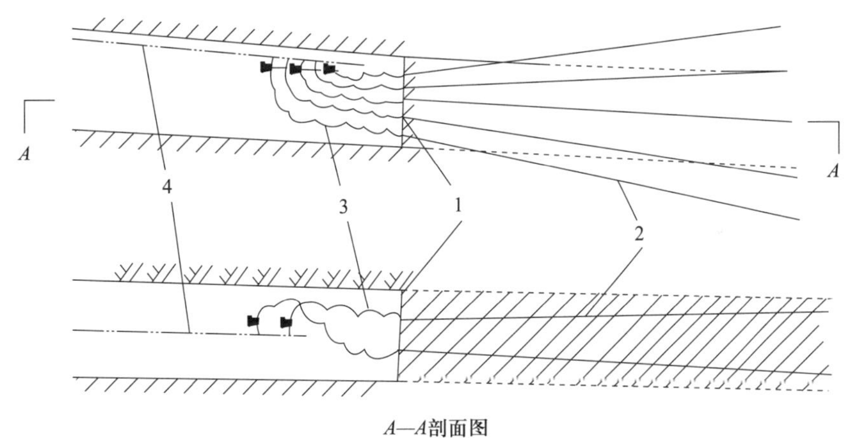

1—掘进工作面；2—钻孔；3—软管；4—瓦斯管路

图 5-4　先抽后掘钻孔布置示意图

（3）边采边抽

边采边抽主要用于抽采开采煤层工作面前方和两侧卸压带的卸压瓦斯。在采煤工作面前方一定距离有一个应力集中带，集中的应力可松动煤体，增加透气性，随着工作面的推进，集中应力带向前推移，形成新的卸压带，但应力集中带与采煤工作面之间始终保持着约 10 m 的卸压带，如图 5-5 所示，在此卸压带内可以抽采瓦斯。抽采钻孔需提前布置在煤层内，钻孔布置如图 5-6 所示；当卸压带接近前开始抽采瓦斯；当卸压带移至钻孔时瓦斯抽采量增大；当工作面推进到距钻孔 1～3 m 处时，钻孔处于煤面的挤压带内，大量空气进入孔隙，使抽出的瓦斯浓度降低。

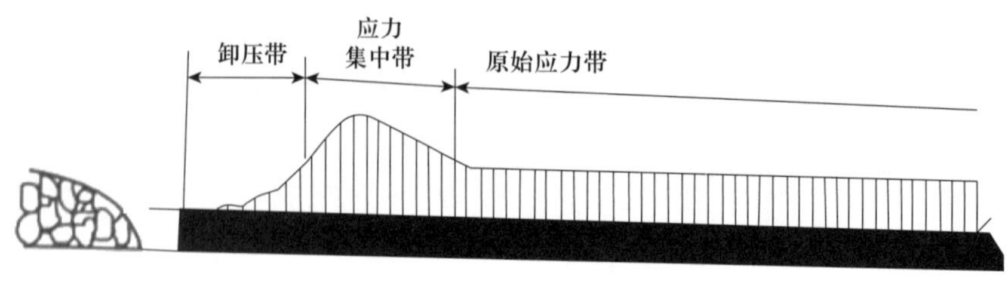

图 5－5　应力集中带和卸压带分布

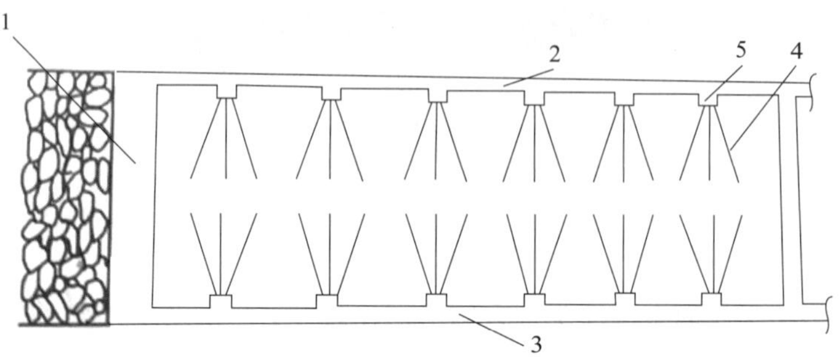

1—采煤工作面切眼；2—回风巷；3—运输巷；4—钻孔；5—抽采钻场

图 5－6　边采边抽钻孔布置示意图

此抽采方法的优点是充分利用采煤工作面前方卸压带透气性增大的有利条件，提高了抽采率。在下行分层工作面，钻孔应靠近底板，上行分层工作面则靠近顶板。边采边抽主要适用于瓦斯含量高、时间紧等情况，采用该方法可以解决开采层瓦斯涌出量大的问题。

3. 提高开采层瓦斯抽采效果的措施

提高煤层瓦斯抽采量的根本途径在于增加煤层透气性，即采用人为的方法扩大、沟通煤层裂隙网络，以取得更好的抽采效果。

（1）水力压裂

水力压裂是指在无自由面的情况下，钻孔内以高压水作为动力使煤体裂隙连通的一种措施。

1）压裂方式

水力压裂可分为整孔压裂和分段压裂两种方式。整孔压裂是将压裂孔作为一个整段一次性完成压裂的压裂方式。分段压裂是在压裂孔内形成多条相互独立的压裂段并分别完成压裂的压裂方式。根据地层条件、钻孔特点、压裂工艺、施工成本设计压裂方式。为了提高水力压裂的效果，优先选用分段压裂，在不具备实施分段压裂作业的条件下，方可选用整孔压裂。

2）压裂设备

压裂设备由压裂泵组、储液罐、压裂管汇、孔内工具、孔口装置、操控平台、监控设备等组成。压裂泵组应具有防爆、显示与记录作业参数、手动与自动操作、远程控制与监视等功能。

3）封孔方式

根据地层地质条件和压裂孔参数选择封隔器封孔、浆液材料封孔、固定孔口封孔或其他

经验证有效的封孔方式。

封孔段位于完整的岩层段或煤体为原生结构类型时宜采用封隔器封孔，当煤体为碎裂结构、碎粒结构、糜棱结构类型时，宜采用浆液材料封孔或固定孔口封孔的封孔方式。

根据地应力条件、地层岩性、构造分布、泵注压力等设计封孔深度，封孔深度应大于巷道应力集中带深度和压裂影响半径，封孔位置避开地层破碎带和地质构造带。

（2）超高压水力割缝

超高压水力割缝是在煤矿井下瓦斯抽采钻孔内运用额定工作压力超过 80 MPa 的水射流装备对钻孔周边的煤体进行切割，形成一定宽度、深度的扁平缝槽，提高瓦斯抽采效果的一种卸压增透技术措施。

1）超高压水力割缝设备

超高压水力割缝设备应包括高压泵、割缝器、水尾、液压软管、钻杆、钻头、钻机、远程操控台等装置，如图 5－7 所示。

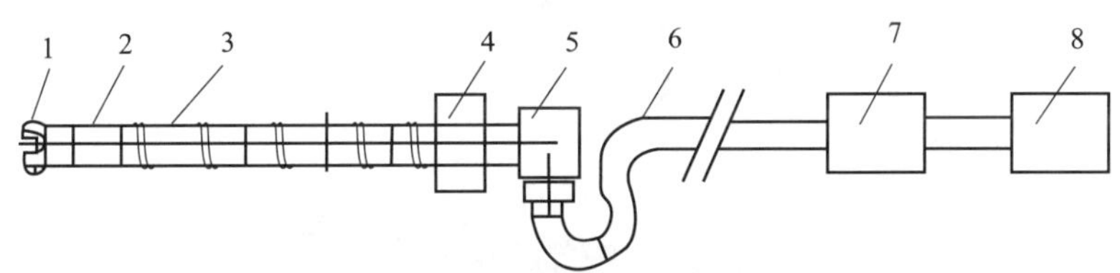

1—钻头；2—割缝器；3—钻杆；4—钻机；5—水尾；6—液压软管；7—高压泵；8—远程操控台

图 5－7　超高压水力割缝设备主要组成部件

高压泵额定工作压力应高于 80 MPa；额定工作流量应大于 100 L/min；应设置安全阀，工作压力达到高压泵 1.1 倍额定工作压力时具有卸压保护功能。

水尾应有超高压状态下旋转密封功能，1.5 倍高压泵额定工作压力条件下旋转灵敏且无渗漏。

液压软管工作压力应高于 1.5 倍高压泵额定工作压力，软管外应安设不锈钢安全护套和防脱链，软管接头处应安设不锈钢安全护套。

远程操控台应具有控制高压泵远程开启、关闭及调压的功能，与割缝作业地点距离超过 50 m。

2）超高压水力割缝作业流程

①割缝作业前装置检查。割缝作业前对高压泵、液压软管、水尾、钻杆、割缝器等进行检查。

②割缝设备调试。开启高压泵，调节高压泵工作压力，割缝器应实现自由切换。保持高压泵额定工作压力运行时间不少于 30 min，各组成部件及部件连接处无漏水。

③割缝钻孔施工。按设计的孔间距、开孔位置、孔径、方位角、倾角和孔深等参数施工割缝钻孔。

④割缝施工。割缝钻孔施工到位后，在退钻过程中由内向外按照设计要求进行割缝作业。割缝作业过程中应记录钻孔参数、割缝间距、割缝刀数、单刀割缝时间及割缝压力、出煤量

等参数。钻孔割缝作业完成后应立即开启控水闸阀冲洗钻孔 3～5 min，防止煤岩粉堵孔及延期喷孔事故发生。割缝作业结束后应立即进行钻孔封孔，并接入瓦斯抽采系统进行合茬抽采。

（3）深孔控制预裂爆破

控制预裂爆破是在采煤工作面的进、回风巷每隔一定距离，平行打一定深度的爆破孔和控制孔，两者交替布置，如图 5-8 所示。利用压风装药器向爆破孔进行连续耦合装药（装药直径与炮孔直径相同为耦合装药，装药直径小于炮孔直径为不耦合装药），在炸药爆炸能量、瓦斯压力和控制孔的导向和补偿作用下，使煤体原生裂隙得以扩展并产生新的裂隙，从而提高煤层透气性。

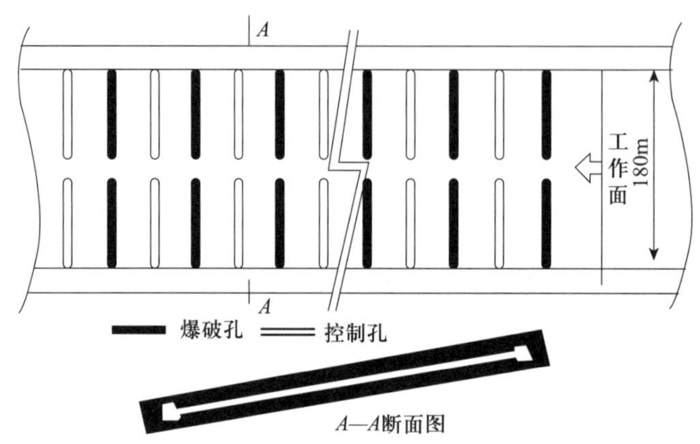

图 5-8　深孔控制预裂爆破钻孔布置示意图

深孔控制预裂爆破是指钻孔装药长度在 10 m 以上的控制预裂爆破。

深孔控制预裂爆破操作工艺及要求如下。

1）技术参数要求

①爆破孔直径大于或等于 42 mm，小于或等于 95 mm。

②最大装药直径不得大于 75 mm。

③最大装药长度不得大于 100 m。

2）装药

①必须采用炸药被筒装药。装药前要先将炸药装进被筒，制作成被筒炸药，并保证合理装药密度。装药时要将每节被筒炸药逐一可靠连接，推送到设计的装药位置。装药段在被筒内全段敷设煤矿许用导爆索，在起爆药包端，导爆索应比装药段长出 1～2 m。严禁间断装药。深孔控制预裂爆破装药结构如图 5-9 所示。

②装药不耦合系数小于 1.5。

③采用双起爆药包正向起爆。电雷管脚线必须全部缠绕在起爆药包上，连出孔外的导线必须采用双芯电缆或优质铜芯导线，并与起爆药包牢固连接。

3）封孔

①封孔长度可根据爆破地点煤（岩）体强度和实际需要来确定，但不得小于 5 m。

②封孔材料采用黄泥。

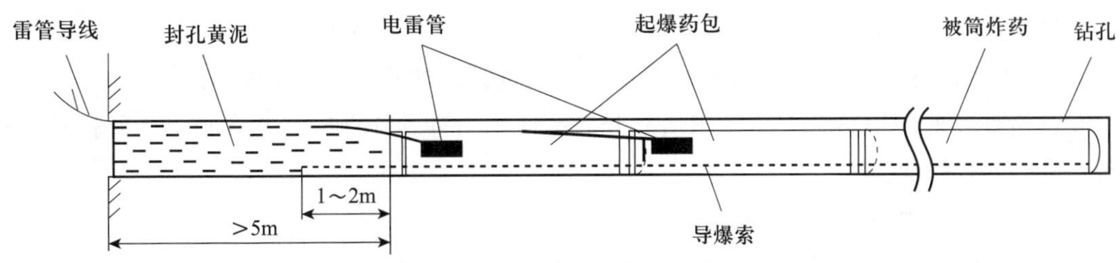

图 5-9　深孔控制预裂爆破装药结构示意图

③封孔要从起爆药包位置开始直至孔口，连续密实封堵。

4）爆破

①爆破前必须对爆破网络进行导通。

②多孔同时起爆时，必须使用专用放炮母线，并最多允许由两根完整的放炮母线连接组成。

（4）穿层钻孔水力冲孔

穿层钻孔水力冲孔的原理是在岩石巷道内向邻近煤层施工钻孔，在钻孔内利用高压水射流冲割煤层，排出碎煤、造成空穴，使煤体内产生局部卸压，扩大延伸裂隙，增加煤层透气性，从而提高煤层瓦斯抽采量。

1）操作要求

①煤层穿层钻孔水力冲孔的钻孔应为上向穿层钻孔。

②水力冲孔钻孔可兼作抽采钻孔，也可单独设计；钻孔间距应按照冲孔影响半径考察确定。

③兼作抽采钻孔的，在底板抽采巷每组钻孔选取部分或全部进行水力冲孔。

④单独设计的水力冲孔钻孔，应根据煤厚、控制范围等情况设计钻孔个数，水力冲孔钻孔与抽采钻孔配合施工。

⑤抽采钻孔直径应不小于 94 mm。

⑥水力冲孔控制压力范围应在 5～25 MPa。

⑦保持钻机匀速钻进冲孔，以便排除钻屑。

⑧钻孔角度大于或等于 30° 时应采用低水压、大流量方式冲孔，控制钻孔单孔出煤量；钻孔角度小于 30° 时应采用高水压、小流量方式冲孔或延长冲孔时间，提高单孔出煤量。

2）设备

水力冲孔设备主要由水力冲孔作业泵、水箱、水尾、闸阀、钻杆、胶管等组成。

3）施工流程及要求

①施工穿层钻孔。

②水力冲孔穿层钻孔穿煤后应进入煤层顶板至少 0.5 m 处退杆，更换冲孔专用钻头（直径 75 mm）；推进至煤层底板距煤层 1 m 处，由外向里进行水力冲孔。应每 2 m 一个点分段冲孔直至见煤点。

③连接冲孔装置与供水系统，开启高压水力冲孔作业泵进行性能和安全测试，达到要求后应关停水泵。

④将冲孔喷头和钻杆连接，使用钻机将冲孔喷头送至预定的冲孔位置。

⑤边进钻边冲孔，全煤段冲完后，再退钻，再进钻，如此循环直至冲不出煤为止。

⑥经检查作业环境符合安全要求后，开启高压水力冲孔作业泵，在煤孔段往复移动冲孔喷头，进行冲孔作业。

⑦收集冲出的煤渣，并做好记录。

⑧达到预定目的后关停水泵，退出冲孔装置，结束冲孔作业。

⑨水力冲孔完毕后钻孔应立即进行封孔。应采用双抗管、花管、镀锌管、堵头、聚氨酯，配合水泥浆联合封堵孔，确保封孔严密。

五、邻近层瓦斯抽采

开采煤层群时，回采煤层的顶板、底板围岩会发生冒落、移动、龟裂和卸压，使煤层透气性系数大大增加。回采煤层附近的煤层或夹层中的瓦斯，会向开采煤层的采掘空间或采空区转移。这类能向开采煤层或其采空区涌出瓦斯的煤层或夹层，称为邻近层。位于开采煤层顶板内的邻近层为上邻近层，底板内的为下邻近层。

1. 邻近层瓦斯抽采分类

按邻近层的位置分为上邻近层瓦斯抽采和下邻近层瓦斯抽采。

按汇集瓦斯的方法分为钻孔抽采、巷道抽采和巷道与钻孔综合抽采。

（1）上邻近层瓦斯抽采

上邻近层瓦斯抽采是指邻近层位于开采层的顶板内，通过巷道或钻孔来抽采上邻近层的瓦斯。

根据岩层的破坏程度与位移状态可把顶板划分为冒落带、裂隙带和弯曲下沉带，底板划分为裂隙带和变形带。冒落带高度一般为采厚的 5 倍，距开采层近、处于冒落带内的煤层，随冒落带而冒落，瓦斯完全释放到采空区内，很难进行上邻近层抽采。裂隙带的高度为采厚的 8～30 倍，裂隙带因充分卸压，瓦斯大量解吸，是抽采瓦斯的最佳区带，抽采量大，浓度高。因此上邻近层取冒落带高度为下限距离，裂隙带高度为上限距离。

上邻近层瓦斯抽采的方式可分为：

①由开采层运输巷、回风巷或层间岩巷等向上邻近层施工钻孔进行抽采。

②由开采层运输巷、回风巷等向采空区方向施工斜交钻孔进行抽采。

③在上邻近层掘汇集瓦斯巷道进行抽采。

④从地面施工钻孔进行抽采。

（2）下邻近层瓦斯抽采

下邻近层瓦斯抽采是指邻近层位于开采层的底板内，通过巷道或钻孔来抽采下邻近层的瓦斯。由于下邻近层不存在冒落带，所以不考虑上部边界，至于下部边界，一般不超过 80 m。

下邻近层瓦斯抽采的方式可分为：

①由开采层运输巷、回风巷或层间岩巷等向下邻近层施工钻孔进行抽采。

②由开采层运输巷、回风巷等向采空区方向施工斜交钻孔进行抽采。

③在下邻近层掘汇集瓦斯巷道进行抽采。

④从地面施工钻孔进行抽采。

2. 钻孔抽采邻近层瓦斯

（1）开采煤层巷道内布置邻近层抽采钻孔

开采煤层巷道内布置钻孔抽采邻近层瓦斯主要适用于缓倾斜或倾斜煤层走向长壁采煤工作面。其抽采钻孔布置方法如下：

①钻场设在开采煤层工作面的回风副巷内，由钻场向邻近煤层布置穿层抽采钻孔。这种布置方法的优点是抽采瓦斯的管道设置在回风巷道内，安全性较好；缺点是增加了抽采专用巷道的维护时间和工程量。这种方法多用于上邻近层瓦斯抽采。

②钻场设在开采层工作面运输巷内，由钻场向邻近煤层布置穿层抽采钻孔。与钻孔布置在回风巷相比，这种布置方法的优点是运输巷一般都有供电及供水系统，施工钻孔比较方便，并且由于开采阶段的运输巷即是下一阶段的回风巷，不存在因抽采瓦斯而增加巷道的维护时间和工程量的问题；缺点是瓦斯抽采管道设在进风巷内，安全性较差。这种方法多用于抽采下邻近层瓦斯。

③开采层工作面回风巷与运输巷同时布置钻孔抽采邻近层瓦斯。这种布置方法的优点是钻孔控制范围大，抽采量多，抽采效果好；缺点是工艺复杂，管路较多，施工工程量大。这种方法一般用于工作面较长，且邻近层瓦斯涌出量较大的情况。

（2）开采层层外巷道布置邻近层抽采钻孔

开采层层外巷道布置邻近层抽采钻孔，主要适用于煤层倾角不同和使用的采煤方法不同的回采工作面。其钻孔布置方法如下：

①钻场设在开采层底板岩巷内，由钻场向邻近层打穿层抽采钻孔。这种方法的优点是抽采钻孔一般服务时间较长，除抽采卸压瓦斯外，还可用于预抽和采空区瓦斯抽采，不受回采工作面开采的时间限制；钻场一般处于主要岩石巷道中，相对减少了巷道维修工程量，同时也便于抽采设施的施工和维护；缺点是岩巷工程量大。这种方法多用于抽采下邻近层瓦斯。

②钻场设在开采层顶板岩巷。这种钻孔布置方法与在开采层巷道内布置相比，抽采效果大大提高，且巷道工程量增加不多，只是石门稍向煤层顶板延伸即可，由于石门之间有一定间距，要使钻孔有效抽采两个石门间的瓦斯，每一钻场的钻孔应采用多排扇形布置。这种方法多用于抽采上邻近层瓦斯。

（3）钻孔布置的主要参数

1）钻孔间距

决定钻孔间距的原则是工程量少，瓦斯抽采量大，不干扰生产。

煤层的具体条件不同，钻孔间距也不同，有的为 30～40 m，有的可达 100 m 甚至 100 m 以上，应通过试抽，确定合理的钻孔间距。

2）钻孔角度

钻孔角度是指钻孔与水平线的夹角（倾角）和钻孔水平投影线与煤层走向或倾向的夹角（偏角）。抽采上邻近层时的钻孔角度，应使钻孔通过顶板岩石的裂隙进入邻近层充分卸压区。

钻孔角度过大，则钻孔无法进入邻近层的充分卸压区，其结果是抽出的瓦斯浓度虽然高，但流量小；钻孔角度过小，则抽采钻孔中段将通过冒落带，钻孔与采空区沟通，会抽入大量空气而大大降低抽采效果。下邻近层抽采时的钻孔角度没有严格要求，因为钻孔中段受开采影响而破坏的可能性较小。

3）钻孔直径

抽采邻近层瓦斯的钻孔，其作用主要是作为引导卸压瓦斯的通道。由于抽采的层位不同，钻孔长度从十多米到数十米不等，而一般钻孔瓦斯抽采量仅为 1～2 m^3/min，少数为 4～5 m^3/min。因此，钻孔直径对瓦斯抽采量影响不大，不需要很大的钻孔直径，即可满足抽采的要求，一般多采用 75～110 mm 的钻孔直径。

4）钻孔抽采负压

卸压瓦斯沿层间裂隙向开采层采空区涌出，抽采钻孔与层间裂隙网形成并联的通道，当对钻孔施以一定负压进行抽采时，有助于改变瓦斯流动的方向，使瓦斯更多地流入钻孔。实践证明，提高抽采负压对提高邻近层瓦斯抽采效果的作用是十分明显的。因此，在保证一定的抽采瓦斯浓度条件下，可适当地提高抽采负压，一般孔口负压应保持在 13.3 kPa 以上。

3. 巷道抽采邻近层瓦斯

巷道抽采邻近层瓦斯是指在开采层的顶部因采动形成的裂隙带内，挖掘专用的抽采瓦斯巷道（高抽巷），用以抽采上邻近层的卸压瓦斯。根据巷道布置方式不同，分为走向高抽巷和倾向高抽巷两种。

（1）走向高抽巷抽采上邻近层瓦斯（如图 5-10 所示）

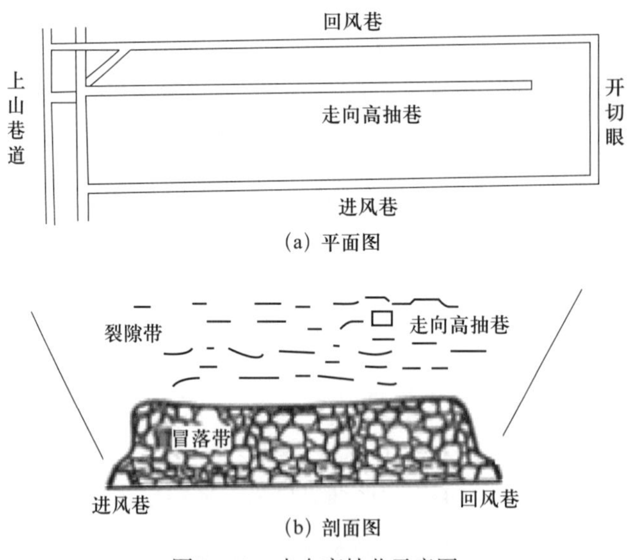

图 5-10 走向高抽巷示意图

走向高抽巷抽采邻近层瓦斯的效果，与高抽巷的层位选择息息相关。首选的层位是邻近层密集区（或邻近层瓦斯涌出密集区），该区域煤（岩）体裂隙发育，抽采时不易被岩层垮落所破坏。一般来讲，若走向高抽巷布置层位太低，如处于冒落带范围内，虽然在综放工作面推进后很快便能抽出瓦斯，但也会很快被岩石冒落所破坏与采空区沟通，抽采出的瓦斯为低浓度采空区瓦斯。若布置层位太高，工作面采过后，顶板卸压瓦斯会大量涌向采场空间，高抽巷截流效果差，若抽采不及时，即使能抽出大量较高浓度的瓦斯，但易导致工作面瓦斯涌出超限，不能保证工作面安全。

（2）倾向高抽巷抽采上邻近层瓦斯

倾向高抽巷是指在开采煤层工作面的尾巷开口，沿工作面回风巷与尾巷间的煤柱与工作面推进方向平行掘进 5 m 左右的起坡，坡度为 30°～50°，施工至上邻近层后顺煤层施工 20～40 m 形成的巷道。施工完毕后，在其坡底打封闭墙，然后从封闭墙上穿管进行抽采，如图 5－11 所示。

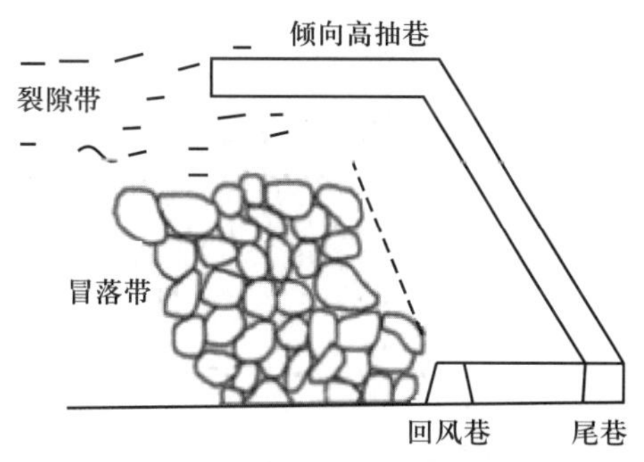

图 5－11 倾斜高抽巷示意图

（3）巷道抽采邻近层瓦斯的特点

巷道抽采邻近层瓦斯的特点是高抽巷断面小、支护简单、施工进度快、便于管理、费用低。

为保证高抽巷抽采效果，应考虑：

①高抽巷层位要处于煤（岩）体裂隙带内，此处透气性好，处于瓦斯富集区，有较丰富的高浓度瓦斯资源。

②高抽巷水平投影距回风巷平行距离要控制在 15～20 m，距离过近，巷道漏气严重；距离过远，巷道端头不处在瓦斯富集区，抽采效果不好。

③高抽巷要封闭严实，保证不漏气，施工时要做好封闭墙周边掏槽，见硬帮、硬底，并且要施工双层封闭，双层封闭之间距离大于 0.5 m，并注浆充填。

④抽采口位置距离封闭墙面要大于 2 m，高度应大于巷道高度的 2/3，应设有防止杂物进入的保护设施。

与钻孔抽采相比，巷道抽采在抽采效果上有如下特点：

①巷道开凿时可以避免因顶板冒落而出现的岩层破坏带，可以以曲线方式进入抽采层，能减少空气的漏入，防止被错动岩层切断而堵实，达到连续抽采瓦斯的目的。

②巷道是开在邻近层内的，与钻孔穿过煤层相比，揭露面积大，有利于引导煤层卸压瓦斯进入抽采系统。

③巷道比钻孔的通道面积大，可以减少阻力、便于瓦斯流动。

六、采空区瓦斯抽采

开采厚煤层或邻近煤层处于开采层冒落带的煤层时，将会有大量的瓦斯直接涌入开采层采空区；另外，未能采出而被遗留在采空区的煤炭中也存在一定数量的瓦斯。采空区积聚的大量瓦斯，往往因漏风而被带入采煤工作面或生产巷道，造成严重的瓦斯超限或瓦斯灾害事故，威胁安全生产。因此，应对采空区瓦斯进行必要的抽采。目前采用的方法主要有：顶板高位钻孔抽采、顶板高抽巷抽采、上隅角插管或埋管抽采、地面钻孔抽采等。

1. 顶板高位钻孔抽采

顶板高位钻孔抽采是通过施工顶板走向钻孔进行瓦斯抽采，切断了上邻近层瓦斯涌向工作面的通道。

施工方法：为了使钻孔能够布置在相对稳定的层位中，并能在切顶线前方不出现钻孔严重变形和垮孔现象，根据冒落带、裂隙带的发育高度，决定钻孔的终孔布置在裂隙带的下部、冒落带的上部。钻孔深度为 150 m 左右，钻孔终孔高度位于煤层顶板向上 15～20 m，倾斜方向在工作面出口向下 3～30 m。钻孔布置方式如图 5－12 所示。

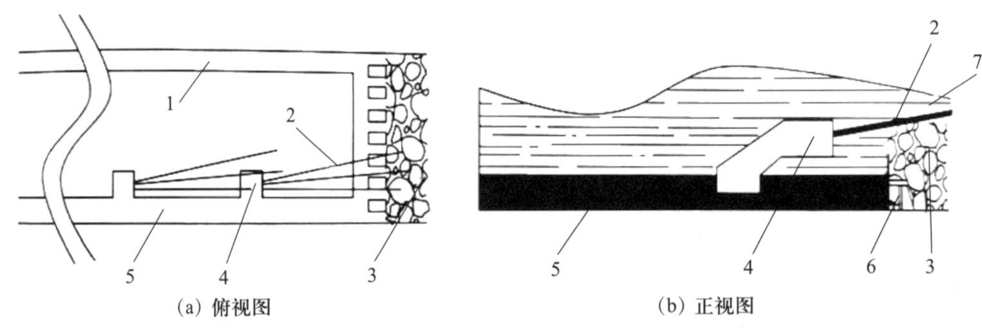

(a) 俯视图　　(b) 正视图

1—回风巷；2—钻孔；3—采空区；4—钻场；5—运输巷；6—采煤工作面；7—裂隙带

图 5－12　顶板高位钻孔布置示意图

这种抽采方法的特点是利用煤体采动后顶板垮落产生的裂隙作为瓦斯流动的通道进行抽采，可实现在工作面前 10 m 左右对瓦斯进行预抽，施工难度小，管理简单。

2. 顶板高抽巷抽采

顶板高抽巷抽采是在工作面回采过程中在煤层顶板布置抽采巷道，通过负压出口抽采采空区内的瓦斯。

施工方法：在开采煤层采煤工作面阶段上山沿走向方向先施工一段高抽巷平巷，与工作面回风巷水平距离内错 15～20 m，然后起坡施工至距开采煤层顶板 15～20 m 左右变平，再施工至工作面走向边界，通过在高抽巷外口打密闭墙穿管抽采采空区积存的瓦斯。

这种抽采方法主要适用于无煤层自然发火或发火期较长的回采工作面。

3. 上隅角插管或埋管抽采

上隅角插管抽采的主要原理是，在工作面上隅角形成一个负压区，使该区域内的瓦斯被抽采管路抽走，从而避免上隅角瓦斯超限，如图 5－13 所示。

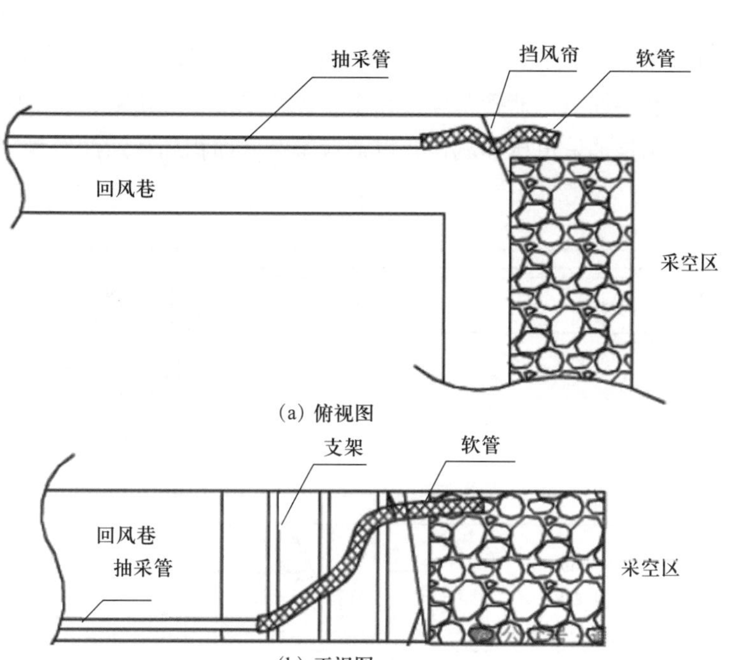

图 5－13　上隅角插管抽采示意图

为操作方便，靠近采煤工作面上隅角的管路可采用钢丝软管与主抽采管连接，将钢丝软管插入上隅角。随着工作面的推进，拆下前端一段主管路，移动钢丝软管，如此反复。

上隅角插管抽采是制造一个负压区让周围瓦斯向负压区流动，然后通过管路将瓦斯抽采出工作面。顶板岩性和冒落程度的不同，对负压区的选择有较大影响，为了保证抽采点位置合适（使吸入口瓦斯浓度较高），在抽采管路负压始端接一段带 4～8 个分支的管路，支管出口接钢丝软管，软管插入上隅角后呈发散排列，可提高抽采效果，如图 5－14 所示。

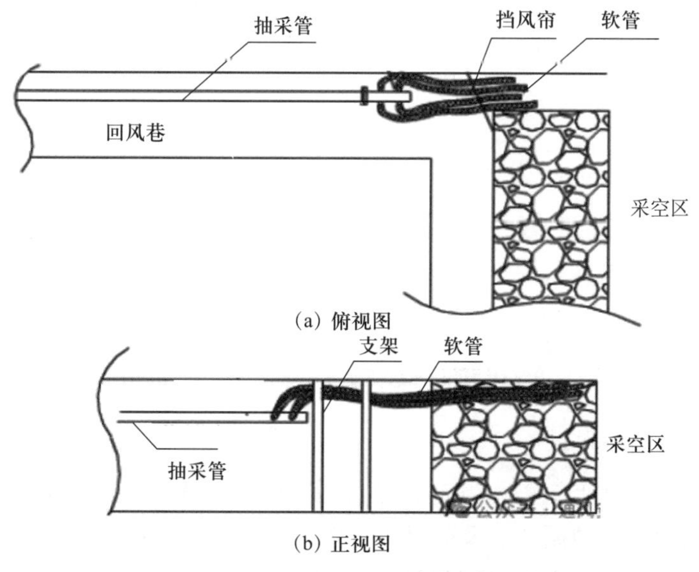

图 5－14　上隅角分支插管抽采示意图

对于采空区瓦斯涌出量较大的工作面，可以采取采空区埋管抽采的方式，随着工作面不断向前推进，沿回风巷将抽采瓦斯管路埋设在采空区起采线上隅角附近，如图 5－15 所示。随着工作面的推进，应调整抽采负压和流量，以适应采空区面积和瓦斯涌出量变化的情况。

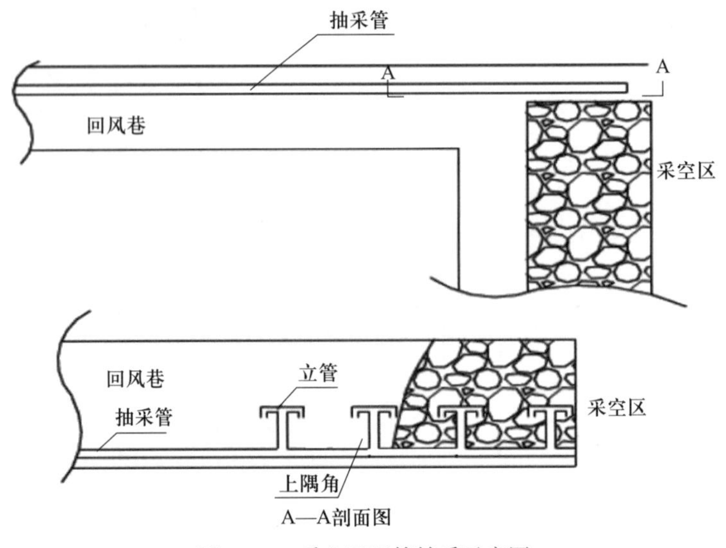

图 5－15　采空区埋管抽采示意图

4. 地面钻孔抽采

地面钻孔抽采是在开采深度较浅的煤层（开采深度一般小于 400 m），从地面打钻孔抽采上邻近层和采空区的瓦斯。这种方法抽采效率较高，抽采有效半径可达上百米。但使用存在一定的局限性，受煤层的埋深、顶板含水层以及采煤工艺的影响较大，一般多用于采空区距地表较浅的矿井。当矿井有多个煤层群时，下部煤层开采后，上邻近层附近会形成良好的裂隙，卸压增透效果良好，尤其适合采用地面钻孔抽采，此时将钻孔的终端打到发育良好的裂隙带，煤层瓦斯在抽采负压的作用下通过裂隙流向抽采钻孔，可以显著降低煤层和采空区中的瓦斯含量。

第二节　矿井瓦斯抽采设计与施工

一、矿井瓦斯抽采设计的原则及内容

1. 瓦斯抽采设计的原则

（1）瓦斯抽采工程设计应遵循“应抽尽抽、多措并举、先抽后采、煤气共采”的原则。

（2）抽采系统设计应遵循“抽采泵用备结合，高低负压系统独立”的原则，并应因地制宜采用新技术、新工艺、新设备、新材料。

（3）瓦斯抽采系统设计规模应满足矿井安全生产要求并留有一定富余量，同时还应兼顾矿井瓦斯利用。

（4）瓦斯抽采工程设计应体现安全第一、技术经济合理的原则。

（5）瓦斯抽采工程设计应与矿井开采设计同步进行，合理安排掘进、抽采、回采三者间的超前与接替关系，保证有足够的工程施工及抽采时间。

2. 瓦斯抽采设计的内容

瓦斯抽采工程设计文件应包括说明书、主要机电设备与器材清册、概算书和附图四部分。

（1）瓦斯抽采工程设计说明书

①矿井概况：包括井田概况、矿井开拓与开采、矿井通风等。

②瓦斯资源及抽采条件：包括瓦斯资源条件及基本参数、矿井瓦斯涌出量预测等。

③瓦斯抽采方法：包括抽采方法选择，抽采参数确定及抽采规模，抽采巷、钻场及钻孔布置等。

④瓦斯抽采系统、管路及设备：包括抽采系统选择及服务范围、抽采管路、抽采设备选型及布置、配套及附属设施等。

⑤地面工程：包括场外道路，抽采站场地总平面布置，抽采站建筑，给排水及消防，采暖、通风及供热等。

⑥电气：包括供配电，照明、防雷及接地，监测及控制，通信等。

⑦安全、环境保护及节能减排：包括安全，环境保护，节能、减排等。

⑧技术经济：包括组织机构及人力资源配置、项目实施计划、概算投资、主要技术经济指标等。

（2）瓦斯抽采工程主要机电设备与器材清册

瓦斯抽采工程主要机电设备与器材清册应详列整个瓦斯抽采工程所需要的机电设备及器材名称、型号及规格、数量等。

（3）瓦斯抽采工程设计概算书

瓦斯抽采工程设计概算书应详列项目名称和金额，概算总额应叙述概算投资总额及按建筑安装工程、设备及工器具购置、工程建设其他费用、预备费、建设期间贷款利息及铺底流动资金划分的投资构成情况。

（4）瓦斯抽采工程设计附图

主要包括抽采部分、抽采泵站设备、抽采站总平面部分、土建部分、给排水及消防部分、暖通部分、供配电系统部分等图纸。

二、矿井瓦斯抽采系统与抽采设备

1. 矿井瓦斯抽采系统

（1）地面永久抽采瓦斯系统

1）地面永久抽采瓦斯系统的构成

地面永久抽采瓦斯系统由地面永久瓦斯抽采泵站、井上（井下）瓦斯管路及附属装置、安全装置和监测监控装置等组成。

2）地面永久抽采瓦斯系统设置要求

①应设置在不受洪涝威胁且工程地质条件可靠地带，并应避开滑坡、溶洞、断层、破碎带、塌陷区等。

②地面泵房必须用不燃性材料建筑，并必须有防雷电装置，其距进风井口和主要建筑物不得小于 50 m，并用栅栏或者围墙保护。

③地面泵房和泵房周围 20 m 范围内，禁止堆积易燃物和出现明火。

④抽采瓦斯泵及其附属设备，至少应当有 1 套备用，备用泵能力不得小于运行泵中最大一台单泵的能力。

⑤地面泵房内电气设备、照明和其他电气仪表都应当采用矿用防爆型；否则必须采取安全措施。

⑥泵房必须有直通矿调度室的电话和检测管道瓦斯浓度、流量、压力等参数的仪表或者自动监测系统。

⑦干式抽采瓦斯泵吸气侧管路系统中，必须装设有防回火、防回流和防爆炸作用的安全装置，并定期检查。抽采瓦斯泵站放空管的高度应当超过泵房房顶 3 m。

⑧泵房必须有专人值班，经常检测各参数，做好记录。当抽采瓦斯泵停止运转时，必须立即向矿调度室报告。如果利用瓦斯，在瓦斯泵停止运转后和恢复运转前，必须通知使用瓦斯的单位，取得同意后，方可供应瓦斯。

（2）井下临时抽采瓦斯系统

1）井下临时抽采瓦斯系统的构成

井下临时抽采瓦斯系统由井下临时抽采瓦斯泵站、瓦斯管路及其附属装置组成。井下临时抽采瓦斯系统的特点是瓦斯泵站安设在井下采区进风巷道内，随着抽采工作的转移，即泵站是可移动式的，抽出的瓦斯一般排至采区或矿井总回风巷中。

2）井下临时抽采瓦斯系统的有关要求

①泵站位置应选择在稳定、坚硬的岩层中，并宜避开较大的断层、含水层、松软岩层、煤与瓦斯突出煤层，不应受采动影响。

②泵站应当安设在抽采瓦斯地点附近的新鲜风流中。

③泵站设置地点应有利于泵站设备运输、安装、工艺系统布置及检修。

④抽出的瓦斯可引排到地面、总回风巷、一翼回风巷或者分区回风巷，但必须保证稀释后风流中的瓦斯浓度不超限。在建有地面永久抽采系统的矿井，临时泵站抽出的瓦斯可送至永久抽采系统的管路，但矿井抽采系统的瓦斯浓度必须符合《煤矿安全规程》的规定。

⑤抽出的瓦斯排入回风巷时，在排瓦斯管路出口必须设置栅栏、悬挂警戒牌等。栅栏设置的位置是上风侧距管路出口 5 m、下风侧距管路出口 30 m，两栅栏间禁止任何作业。

⑥泵站设置于硐室内时，应符合下列规定：硐室必须采用不燃性材料支护；硐室出口应装设向外开启的防火铁门，铁门上应装设便于关闭的通风孔；与硐室连接的进回风巷道内严禁堆积易燃物。

⑦井下移动抽采时，应监测泵站环境瓦斯浓度及排放口下风侧栅栏外瓦斯浓度。

2. 矿井瓦斯抽采设备

（1）钻孔施工设备

1）钻机

①钻机的分类。钻机按回转器和传动方式不同，可分为不同类型。

按回转器结构形式不同，可分为立轴式钻机、动力头式钻机、转盘式钻机。

立轴式钻机的回转器有一段较长的立轴，用于带动钻具回转，实现给进并导正钻具，其主要特点是钻机回转器的立轴在钻进中可起到良好的导正和固定钻具方向的作用。

动力头式钻机的回转器可以沿机身的导轨在给进行程范围内往复移动。目前，全液压动力头式钻机比较常见，其特点是作为回转动力机的液压马达与回转器连成一体，可同时移动。

转盘式钻机的回转器是一个中心具有方孔的回转部件，通过方钻杆带动孔内钻具回转。起下钻时，转盘又可作为拧卸钻具的机构，可以减轻劳动强度并有利于安全生产。转盘本身不能控制给进，因此在钻进浅孔时，要用钢丝绳或链条加压；钻进深孔时，用绞车调节钻具压在孔底的重量来控制孔底压力。转盘式钻机的钻孔范围较窄，一般只能钻 70°～90° 的孔。

按钻机的传动方式不同，可分为机械式钻机、液压式钻机和气动式钻机。

机械式钻机的优点是结构简单，传动可靠，传动效率高，易于加工，成本低，操作简单，维护容易。缺点是体积大，质量大，不便于远距离传动，布置不及液压式和气动式钻机灵活，在传动过程中会产生较大的振动和冲击。

液压式钻机的优点是结构紧凑，体积小，质量小，传动平稳，布置灵活，可无级调速，便于实现顺序动作和远距离控制和操作。缺点是对液压加工件的质量和装配精度要求高，成本高，对密封件性能要求高。

气动式钻机的优点是气压传动采用空气作为动力介质，无介质费用；气压传动压力损失小，便于集中供应和远距离输送；气体压力低，元件精度要求不高。缺点是工作速度不稳定，外载对速度影响较大，较难实现工作速度的准确控制与调节，而且通常工作压力低、结构尺寸较大。

②常用钻机的用途及特点。目前，整体履带式钻机、分体履带式钻机、架柱式钻机、自动化钻机和定向钻机的使用较为广泛。

a. 整体履带式钻机以 ZDY7300LX 型煤矿用履带式全液压坑道钻机为例。

该钻机主要用于煤矿井下施工瓦斯抽采钻孔、注水灭火钻孔、煤层注水钻孔、放顶卸压钻孔、探放水钻孔、地质勘探钻孔及其他工程钻孔。适用于岩石硬度系数 $f \leqslant 10$ 的各种煤（岩）层。钻机可独立行走，原地转弯，使用要求为巷道或断面大于 8.5 m^2，高度大于 3.5 m，宽度大于 3.5 m。

该钻机的主要特点是体积小、结构紧凑，操作方便灵活，履带行走、移位方便，机动性好。钻机宽度小于 1.1 m，导轨可实现水平 ±180° 旋转，俯仰 −90°～+90° 调角，垂直升降距离为 650 mm，所有功能全部实现液压控制，稳钻调整快速灵活，可以在任意位置打孔，完全满足煤矿井下高（低）抽巷、皮带巷等狭小空间钻孔、探水、地质勘探等不同需求；采用液压油缸垂直支撑顶板方式及转盘式回转机构，解决了支撑过程中力的转换的问题，使钻机定位和稳钻更快速方便，钻进深度可达 500 m。

b. 分体履带式钻机以 ZDY－4300LF(A) 型煤矿用履带式全液压坑道钻机为例。

该钻机由钻车和泵车两部分组成。适用于在狭窄巷道和具有快速让道要求的矿井中，施工本煤层瓦斯抽采钻孔和顶、底板大角度穿层钻孔。

该钻机的主要特点是整机宽度窄，结构紧凑，液压系统可靠，操作方便；可满足井下快速让道要求，可实现大范围仰俯角开孔、水平高度多排孔自动升降调节、方位角大范围调整等功能。主机水平开孔高度调节范围大，可进行高度差为 0.6 m 的双层钻孔施工。给进机身导轨采用可更换的耐磨钢结构，使用寿命更长且维护方便。利用液压驱动式回转支撑对仰俯角及方位角进行调节，使用方便，快捷省力。

c. 架柱式钻机以 ZDY4000S 型煤矿用全液压坑道钻机为例。

该钻机是低转速大转矩、适用于中深孔钻进的履带自行全液压动力头式坑道钻机。该钻机具有技术性能先进、工艺适应性强、安全可靠、移动方便等优点，主要适用于煤矿井下大直径中深瓦斯抽采钻孔及其他工程钻孔的施工。

d. 自动化钻机以 ZYWL－4000SY 型（全方位）煤矿用履带式全液压钻机为例。

该钻机可用于施工瓦斯抽采钻孔、注浆灭火钻孔、煤层注水钻孔、防突卸压钻孔、地质勘探钻孔及其他工程钻孔，也可用于高瓦斯复杂地质环境的钻孔施工。该钻机主要使用普通圆钻杆、凹槽螺旋钻杆及特殊三棱螺旋钻杆，采用硬质合金钻头或聚晶金刚石（PDC）复合片钻头，适用于岩石坚固性系数 $f<10$ 的各种煤层、岩层，使用要求为巷道或钻场断面大于 9 m^2，高度大于 3 m，宽度大于 3 m。

该钻机能实现全自动钻孔施工；采用分体履带车布置，主履带车搭载主机、电控箱及操作台等部件，副车搭载电机、油箱、冷却器等部件。该钻机结构紧凑、操作灵活、机动性好，能显著减轻劳动强度及提高作业安全系数；相比其他常规井下钻机，可将单台钻机操作人员减少至 1～2 人，具有下井人员少、综合钻孔效率高、经济效益高、安全性好等优点。

e. 定向钻机以 ZDY15000LD 型煤矿用履带式液压坑道钻机为例。

该钻机为整体式大功率深孔定向钻机，可满足孔底马达定向钻进、孔口回转钻进以及复合钻进等多种施工工艺。适用于瓦斯抽采、探放水、地质构造勘探、煤层注水、顶（底）板注浆等用途的钻孔施工。

2）钻杆

钻杆是连接钻机和钻头的杆件，其功能是向钻头传递旋转力和轴向压力，并输送冲洗介质。

钻杆按规格可分为 Φ42 mm、Φ50 mm、Φ63.5 mm、Φ73 mm、Φ89 mm 等；按外表形态可分为外平式钻杆、螺旋钻杆、肋骨钻杆及三角钻杆等。

3）钻头

煤岩是打钻时的钻进对象，也是钻头的破碎对象。钻头主要由钻头体、切削具、水槽、保径材料和接头组成，可分为硬质合金钻头、金刚石复合片钻头、牙轮钻头等。在煤矿生产中，岩石和煤体具有的力学特征和结构特征复杂多样，应根据实际情况选择合适的钻头。

4）测斜仪

测斜仪是测定钻孔倾角和方位角，确保钻孔准确性和安全性的原位监测仪器。测斜仪的主要作用包括：

①测量钻孔的倾斜角度。通过测量钻孔轴线的倾斜角度，可以判断钻孔是否按照预设轨迹钻进，避免钻孔偏离设计路径，确保钻孔的准确性和质量。

②测量钻孔的方位角。方位角的测量有助于确定钻孔的方向，这对于需要特定方向钻进的工程尤为重要，如施工瓦斯抽采钻孔、地质勘探钻孔等。

③确保施工安全。通过实时监测钻孔的倾角和方位角，可以及时发现并纠正可能的偏差，避免因钻孔偏离导致的安全风险。

④提高施工效率。通过精确测量，可以优化施工方案，减少不必要的调整和修正，从而提高施工效率。

目前常用的测斜仪有 YQG3.7 矿用手持式浅孔轨迹仪、YSZ100 矿用随钻轨迹测量仪、YTG3.7 矿用推送式轨迹仪等。

5）姿态仪

姿态仪主要用于钻机开孔位置定向。以 YHZ90/360 矿用本质安全型钻机姿态仪为例，该仪器可以测量钻机机架的倾角和方位角，通过高精度陀螺传感器完成寻北并测量方位角，通过加速度计测量机架的倾角，并在显示窗口显示测量值。

（2）钻孔的封孔

瓦斯抽采钻孔的封孔应满足密封性好、操作简单、封孔速度快、造价低等要求。

1）机械式封孔器

对成孔效果好、服务期不长的钻孔可用机械式封孔器进行封孔。机械式封孔器型式较多，但是基本结构相似，目前较常用的是 FKSS 系列封孔器，该封孔器由高压橡胶膨胀胶管、快速接头、阀门等组成。使用时将封孔器送入钻孔内，然后用高压水管向封孔器内注水，使之产生径向膨胀将钻孔封闭。此种封孔方法适用于成孔效果较好的钻孔，若用于成孔效果不好的钻孔，由于钻孔形状难以保持规则的圆形及孔壁破碎，封孔效果往往不好。

2）充填材料封孔

对于煤岩强度不高、封孔深度较长的钻孔可用充填材料封孔。充填材料封孔既可用于形状规则的钻孔，也可用于形状不规则的钻孔，充填材料封孔方法主要有水泥砂浆封孔和聚氨酯封孔等。

水泥砂浆封孔主要借助矿用封孔注浆泵进行封孔，封孔材料为水泥、水和砂子。封孔时首先在钻孔内插入套管，同时在孔壁与套管之间插入一根注浆管，为了提高封孔质量，防止注浆时有气泡产生，还要插入一根排气管，然后用高压软管将注浆管与注浆泵连接进行封孔。此种封孔方法的主要优点是封孔深度不受限制，适用于较深的钻孔。

聚氨酯封孔具有密封性好、硬化快、膨胀性强的优点。聚氨酯由甲、乙两组药液混合而成，封孔时，按比例将甲、乙两组药液倒入容器内混合搅拌 1 min，当药液由原来的黄色变为乳白色时，将混合液倒在塑料编织袋上并缠在抽放管上送入钻孔，经过发泡膨胀，逐渐硬化成聚氨酯泡沫塑料。聚氨酯在自由空间内可膨胀约 20 倍，该方法主要利用的是这种膨胀性能将钻孔密封。

3）囊袋式封孔器

囊袋式封孔器的工作原理是：将封孔器的注浆管和注浆泵连接，封孔浆液由注浆泵进入注浆管和膨胀囊袋，囊袋开始膨胀，外壁与煤孔紧密接触，浆液压力上升到预定压力后，爆破阀爆破，封孔浆液将煤孔及中间裂隙封堵，从而实现钻孔封孔的目的。根据钻孔倾角不同，选用单囊袋型或双囊袋型封孔器，倾角≥25° 的上向孔或≤−25° 的下向孔，可选用单囊袋型或双囊袋型封孔器；其他钻孔，选用双囊袋型封孔器；封孔段内煤（岩）层裂隙较发育时，选用双囊袋型封孔器。单囊袋型和双囊袋型封孔器的结构如图 5−16 和图 5−17 所示。

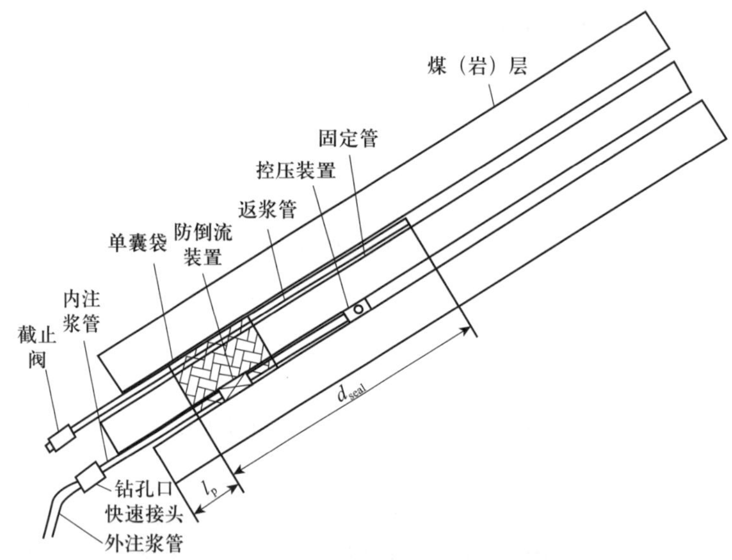

说明：l_p——单囊袋距孔口的长度，建议值为 0.5～1 m；

d_{seal}——封孔段长度，穿层抽采钻孔不小于 5 m，顺层抽采钻孔不小于 8 m。

图 5−16　单囊袋型封孔器的结构

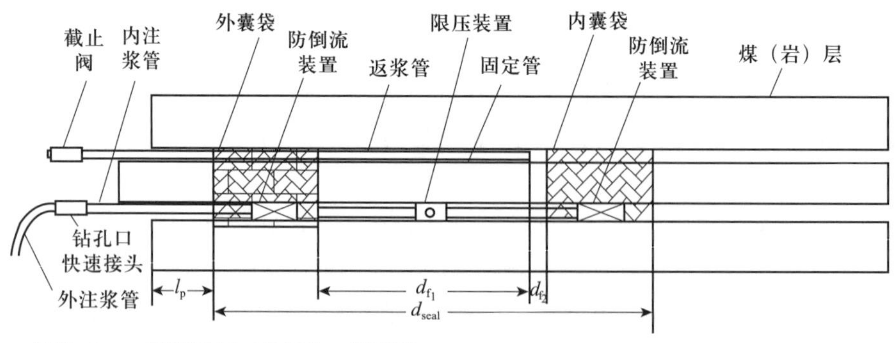

说明：l_p——外囊袋距孔口的长度，建议值为 0.5～1 m；

d_{seal}——封孔段长度，穿层抽采钻孔不小于 5 m，顺层抽采钻孔不小于 8 m；

d_{f1}、d_{f2}——返浆管口距外囊袋和内囊袋的距离，若为下向孔，则 d_{f1} 建议值为 0.3～0.5 m，若为上向孔，则 d_{f2} 建议值为 0.3～0.5 m。

图 5−17　双囊袋型封孔器的结构

4）“两堵一注”封孔工艺

“两堵一注”封孔工艺是一种煤矿瓦斯抽采钻孔的封孔工艺，先采用囊袋式封孔器封堵封孔段的两端（“两堵”），再向两端之间钻孔及周边裂隙注浆充填（“一注”），实现抽采钻孔的有效密封。操作工序为：绑扎囊袋式封孔器（无固定装置的）、将套管及封孔器安装到设计处、封孔器注浆管与注浆泵连接、注浆封孔、封孔结束后将注浆管道及注浆泵拆除。

在实际应用过程中，可根据需要将“囊袋＋囊袋两堵一注”变通为“聚氨酯＋囊袋两堵一注”，或者变通为“三堵两注”“四堵两注”等封孔工艺。

5）封孔段长度要求

封孔段长度应根据孔口段围岩裂隙发育程度、封孔材料、孔口负压等因素确定，并应符合下列规定：

①穿层预抽钻孔封孔段长度不应小于 5 m，顺层钻孔的封孔段长度不应小于 8 m。

②抽采卸压瓦斯钻孔封孔段长度应满足抽采浓度要求并不应小于 7 m。

（3）瓦斯泵

1）瓦斯泵的分类

我国煤矿常用的瓦斯泵有 3 种类型：水环式真空泵、回转式瓦斯泵和离心式瓦斯泵，其工作原理见表 5-6。

表 5-6　　常用瓦斯泵工作原理表

瓦斯泵类型	工作原理	运转原理图
水环式真空泵	叶轮偏心装在近似于圆形的泵体内，当叶轮旋转时，泵内的水受到离心力的作用被甩向泵体内壁，形成一个形状与泵体相似、厚度接近相等的水环。随叶轮一起旋转的水环内表面与叶轮轮毂之间形成月牙形空间，叶轮在前半转旋转过程中，两相邻叶片之间所包围的容积逐渐增大，压力降低，气体由外界吸入。叶轮在后半转旋转过程中，相应的容积逐渐减小，使已吸入的气体受到压缩，当压力达到大气压时，气体被排出	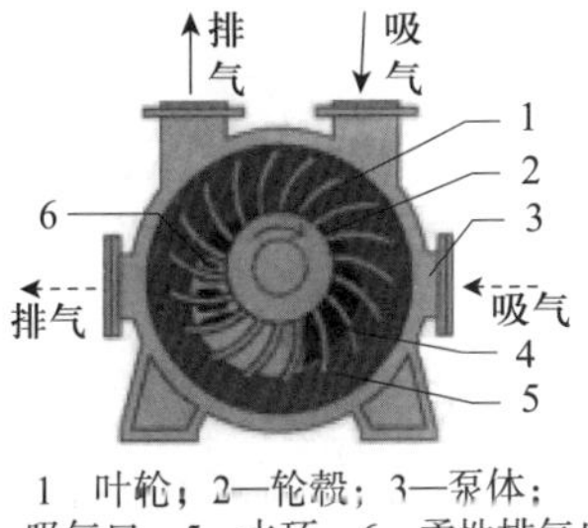 排气　吸气　1　2　3　6　排气　吸气　4　5 1—叶轮；2—轮毂；3—泵体；4—吸气口；5—水环；6—柔性排气口
回转式瓦斯泵	左侧叶轮作逆时针转动时，右侧叶轮作顺时针转动，在叶轮旋转过程中，叶片间的容积逐渐增大，形成负压，从而将瓦斯从进口吸入。随着叶轮的继续旋转，叶片间的容积逐渐减小，对吸入的瓦斯进行压缩。当压缩到一定程度时，瓦斯通过出口排出，完成整个抽放过程	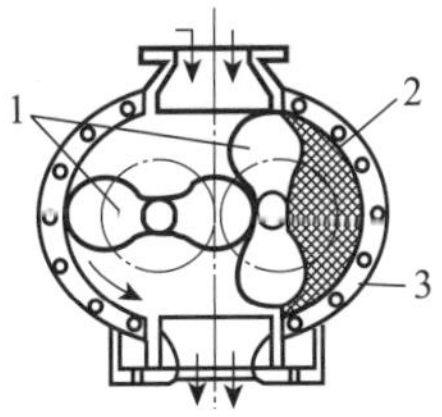 1　2　3 1—叶轮；2—压缩中的瓦斯；3—机壳
离心式瓦斯泵	叶轮的旋转带动瓦斯旋转而产生离心力，从而使瓦斯经入口吸入叶轮，增加了动能与势能的瓦斯经扩散器排出	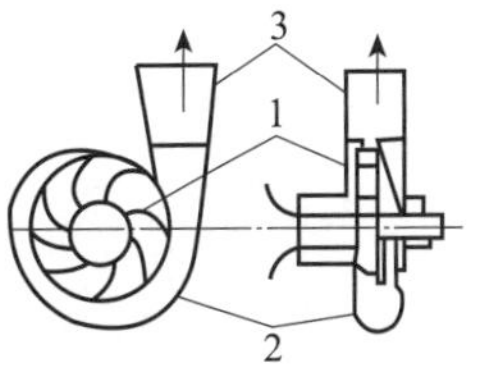 3　1　2 1—叶轮；2—机壳；3—扩散器

2）常用瓦斯泵的优缺点及适用条件

①水环式真空泵的优点是真空度高，结构简单，运转可靠；抽采负压大；所抽的瓦斯被水密封且压缩温度低，可以避免瓦斯燃烧和爆炸事故，安全性高。缺点是效率相对较低，因此，需通过变频控制、对泵的过流部件进行优化设计、改进吸气口和排气口几何形状等措施提高效率。主要适用于煤层透气性低、抽采负压大及瓦斯浓度经常变化的瓦斯抽采矿井。由于水环式真空泵安全性好，抽采负压大，所以在国内煤矿瓦斯抽采中应用较为广泛，目前较为常用的是2BE系列水环式真空泵。

②回转式瓦斯泵的优点是抽采流量受管道阻力特性变化的影响较小，运行稳定，效率较高，成本低。缺点是检修工艺复杂，叶轮之间以及叶轮与机壳之间的距离必须适当，距离过小则易摩擦发热，距离过大则漏气多、效率低；运转中噪声大；压力高时，气体漏损较多，磨损较严重。适用于瓦斯流量较大和负压较高的瓦斯抽采矿井，尤其是瓦斯流量要求稳定时更为适用。

③离心式瓦斯泵的优点是运转可靠，不易出故障；运行稳定，供气较均匀；磨损小，寿命长；流量大，噪声小。缺点是价格高、效率低。适用于瓦斯抽采量大（30～1 200 m^3/min）、抽采负压不高（4～5 kPa）的瓦斯抽采矿井。

3）水环式真空泵常见故障与处理方法

水环式真空泵常见的故障类型、原因分析及处理方法见表5－7。

表5－7　水环式真空泵常见的故障类型、原因分析及处理方法

故障类型	原因分析	处理方法
启动困难，试车或运转过程中泵被卡死	启动时泵体内水位过高	检查并调整水位至正常水平
	胶带过紧	适当调整胶带松紧度
	泵体内部机件生锈	用力扳动转子并用草酸清洗，因长时间未使用导致锈蚀的，可以加入适量除锈剂或者打开泵盖人为去除锈迹
	机械填料安装不合格，压盖压得太紧	按要求安装机械填料，放松填料压盖
	泵体内管道、机件结垢严重	拆卸清除或用酸清洗
	泵体内部有焊渣、铁屑等异物卡住转子	松开前、后盖螺栓，转动叶轮并用水清洗，待转动灵活后再紧固螺栓，如不能清除，打开泵盖进行处理
	叶轮与分配板之间的距离过小发生摩擦	调节叶轮与分配板之间的距离
吸气量小，负压低	填料密封泄漏	拧紧填料压盖
	供水量不足或水温过高，循环水排不出	调节供水量和降低水温（注意必须控制在正确范围内），检查进、出水口的管路是否堵塞
	胶带打滑引起转速下降	检查并调整胶带的松紧度，消除打滑现象
	真空系统有泄漏	检查管路连接的密封性

续表

故障类型	原因分析	处理方法
吸气量小，负压低	叶轮与分配板之间的距离过大	调整叶轮与分配板之间的距离，一般保持在 0.15～0.2 mm，否则会导致电动机超载发热
	叶轮、分配板或其他部件磨损	更换叶轮、分配板或其他磨损部件
	泵内结垢严重	清除水垢
	压力表、真空表显示不准确	检查并更换不合格的压力表、真空表等
真空泵运转振动大、噪声大	底座与基础接触不良，地脚螺栓松动	紧固地脚螺栓，用混凝土充填底座空隙
	主轴对中不好，造成偏心	重新对中和锁紧
	水温过高，引起气蚀	降低工作水的水温
	吸、排气管壁太薄	采用管壁较厚的气管
	胶带松弛	拉紧胶带
轴承部位发热	轴承安装不当或损坏	检查并调整轴承或更换不合格的轴承
	润滑不良，油脂干固或太多	按要求加注合格的润滑油，改善润滑条件
	胶带拉得过紧	适当放松胶带
	电机、减速机、水环泵不对中	重新对中

（4）瓦斯抽采管路

1）瓦斯抽采管

瓦斯抽采管路由总管、分管及支管等组成，根据管材不同可分为无缝钢管、螺纹钢管、玻璃钢管、塑料管等。

常用的塑料瓦斯抽采管有聚氯乙烯（PVC）管、聚乙烯（PE）管等。与无缝钢管及玻璃钢管相比，PVC 管具有阻燃、抗静电、质量小、韧性好、耐腐蚀性好、管道流通阻力小、施工方便、寿命长等优点；缺点是强度较低，在安装和拆除过程中必须防止剧烈碰撞。PE 材质的韧性高，PE 管具有抗冲击性好、耐磨、耐腐蚀等优点；缺点是抗静电及阻燃性差，刚度小，为满足使用要求，有时需要进行加厚处理，因而造成质量增大，成本升高。

鉴于 PVC 管、PE 管的缺点，井下瓦斯抽采管路，尤其是上隅角埋管抽采、高抽巷密闭墙压管抽采、“Y”形通风留巷内埋管抽采应优先选用金属管。

2）瓦斯抽采管路的连接

瓦斯抽采管路与钻孔可用高压胶管通过抽采多通连接，高压胶管的尺寸可根据封孔套管的直径来选择，煤层钻孔一般选用 64 mm 的高压胶管，岩石钻孔一般选用 76 mm 或 102 mm 的高压胶管。

3）瓦斯抽采管路的铺设要求

井下瓦斯抽采管路布置及敷设应符合下列规定：

①抽采管路应具有良好的气密性、足够的机械强度，并应采取防腐蚀、防漏气、防砸坏、防静电等措施，通往井下的金属管路应采取防雷接地措施。

②在沿巷道底板敷设管路时，应采用高度 0.3 m 以上的支撑墩，并应保证每节管子下面有两个支撑墩。

③在倾斜巷道中敷设管路时，应采取防滑措施。

④管路应平直敷设，并应避免急转弯或折返，减少弯头数目；管路应保持一定的坡度，其坡度应根据巷道的坡度确定，并不宜小于 1‰。

⑤当管路敷设在辅助运输巷内时，应将管路牢固地悬挂或架在支架上，并应保证运输设备正常通过；在人行道侧，管路架设高度不应小于 1.8 m，管件的外缘距巷道壁不宜小于 0.1 m。

⑥井下敷设管路应采用法兰盘或快速接头连接。

⑦管路安装后应按规定进行气密性检验，并应符合有关规范要求。

⑧当采用专用管道井敷设管路时，专用管道井的直径应大于管道外形尺寸 200 mm。

⑨抽采管路不应与电缆敷设在巷道的同一侧。

⑩抽采管路与其他管道敷设在同一巷道内时，应采用不同颜色或标志进行区分。

地面管道布置及敷设应符合下列规定：

①应采用架空或直埋方式。

②应避免布置在车辆通行频繁的主干道旁。

③主管、干管应与城市及矿区的发展规划和建筑布置相结合。

④管道与地上、地下建（构）筑物及设施的间距，应符合《工业企业总平面设计规范》（GB 50187—2012）的有关规定。

⑤管道不得从地下穿过房屋或其他建（构）筑物，也不宜穿过其他管网，当必须穿过其他管网时，应按有关规定采取措施。

（5）抽采管路附属装置及设施

抽采管路附属装置及设施应符合下列规定：

①主管、干管、支管、钻场连接处应装设瓦斯计量装置。

②钻场、管道垂直拐弯、低洼、温度突变处应设置放水器，间距取 500～800 m，最大不超过 1 000 m。

③在管路的适当部位应设置除渣装置。

④管路分岔处应设置控制阀门，并宜选择自动手动两用阀，规格应与安装地点的管径相匹配。

⑤地面主管直埋时，阀门应设置在观察井内；观察井应位于地表以下，并应采用不燃性材料砌成，且不应透水。

⑥抽采钻孔连接管宜设抽采负压和瓦斯浓度检测孔，并宜安设控制阀门。

（6）瓦斯抽采参数检测与监测

1）瓦斯流量测定

瓦斯抽采管道的流量测定通常使用孔板流量计，孔板流量计属于压差式流量计，是利用流体流经节流元件产生的压力差来实现流量测量的。孔板流量计的节流元件为孔板，即中央

开有圆孔的金属板，将孔板垂直安装在管道中，充满管道的流体流经管道内的孔板，在孔板附近出现局部收缩，流速增加，进而在孔板前后产生压力差，流量越大，压力差也越大。将测量嘴与压差计相连，测取孔板上下游两侧的压差，就可以计算管道流量。

2）负压测定

抽采管道内外的压差（即负压）可用压差计测量，常用的压差计有“U”形压差计（水柱、汞柱）、倾斜压差计、单管汞柱压差计等。

3）自动计量装置

根据原理不同，自动计量装置种类很多，常用的有涡街流量计、热式流量计、V锥流量计、旋进旋涡流量计、循环自激式流量计等类型。

①涡街流量计的基本原理是在流量计管道中设置三角柱形旋涡发生体，当流体流经旋涡发生体时，在三角柱表面的滞流作用等因素的影响下，其下游会产生两列有规律的旋涡，即卡门涡街。旋涡产生的频率与流体的平均流速成正比，通过测量旋涡的频率即可得到流体的流量。

涡街流量计的优点是结构简单，安装方便，维护量小，使用寿命长，压力损失小。缺点是抗震性能差，对测量脏污介质适应性差，对直管段长度的要求高（要求前直管段长度至少为15倍管道直径，后直管段长度至少为5倍管道直径），测量气体流速下限为4～5 m/s，精度不高。

②热式流量计是基于热扩散原理，即利用流体流过发热物体时，发热物体散失的热量与流体的质量流量成一定的比例关系而设计的流量仪表。该流量计的传感器带有两个热电阻传感元件，一个加热（加热功率恒定），另一个不加热。当流体流过时，两个传感元件之间的温度差与流体质量流量的大小成线性关系，再通过微电子控制技术，将这种关系转换为测量流量信号的线性输出。

热式流量计的优点是可测量低流速（0.02～2 m/s）微小流量；无活动部件，结构简单，安装方便，维护量小；使用性能相对可靠，故障率低；压力损失小。缺点是管内流体的温度、湿度、浓度等会影响测量值而产生测量偏差，要经常进行系数校正。例如，测量甲烷时，若管内甲烷浓度变化频繁，不能及时进行系数校正，因空气和甲烷的热导率不同，测量值也会有较大变化而产生误差。此外，该流量计对测量脏污介质适应性差。

③V锥流量计是一种压差流量计，在管道中心线悬挂一个特制的锥形体（V锥体）来节流。流体流过V锥体时，产生局部收缩使流体的流速加快，静压下降，在V锥体的前后产生差压，高压是在上游流体收缩前的管壁取压口处测得的静压力，而低压则是在V锥体下游端面的中心轴位置的取压孔处测得的压力。通过测量压差，可以计算出流体的流量。

V锥流量计的优点是测量精度可以达到标准孔板流量计相同的精度，甚至更高；节流件和节流边不易磨损，标校周期长；对直管段长度的要求不高（前直管段达到3倍管道直径，后直管段达到1倍管道直径）；在同样的通流面积及流速下，阻力小；具有一定的自清洁能力。缺点是对每一台流量计都要实流标定其流出系数，成本高；与其他流量计相比，通流面积小、压力损失大；低流量不易测取。

④旋进旋涡流量计的基本原理是当流体通过由螺旋形叶片组成的旋涡发生体后，流体被迫绕着发生体剧烈地旋转，形成旋涡流。旋涡流沿流动方向经压缩段，流动强度增强。当旋涡流进入扩散段后，在导流体回流的作用下，该旋涡产生二次旋转，二次旋涡的频率与流量成正比。流量计内置传感器，可以感应到二次旋涡产生的频率并将其转化为电信号输出，经过一定的处理后，就可以得到流量大小。

旋进旋涡流量计的优点是在小流量测量上表现突出；安装工艺要求不高，可在垂直、水平或任意倾斜位置上安装，表头可 180° 随意旋转，安装方便；对直管段要求不高（前直管段达到 3 倍管道直径，后直管段达到 1 倍管道直径）。缺点是和其他流量计相比较，阻力大，压力损失大；由于通流面小，以及旋涡发生体为螺旋结构，极易造成堵塞。

⑤循环自激式流量计的基本原理是在流体中设置一个涡流发生体，在涡流发生体的下游沿传感器测量腔体两侧设有 2 根金属引出导管，金属导管的另一端连接一个热微桥传感器。抽采管道内的气流首先通过涡流发生体，从发生体两侧交替地产生规律的涡流，涡流非对称地交替、循环排列，将能量传递给传感器腔体两侧金属导管内的空气，涡流的动能使金属导管内的空气产生双向涡流，交替推挽产生脉动，这些脉动信号会周期性通过金属引出导管到达另一端的热微桥传感器，使热微桥传感器的热量发生周期性变化，其变化频率和抽采管道内的气体流速有关，从而测出管道内的流量。

循环自激式流量计的优点是工作稳定可靠，测量精度高；采用插入式安装结构，便于安装、拆换、标定；能测量较低流速的气体；阻力小。缺点是参数设定复杂，对标定人员要求高；产品价格高。

抽采系统的设计必须按照实际流量正确选择适合的自动计量装置，设计时须标注孔板与自动计量装置的安装位置及其直管段长度，流量计前方须加装除渣和自动放水装置。

4）管道甲烷传感器

甲烷传感器根据不同的测量原理可分为红外甲烷传感器、热导式甲烷传感器、激光甲烷传感器等多种类型。受抽采管道中气体流量、温度、湿度、压力等多种因素影响，目前抽采管道监测甲烷浓度多采用红外甲烷传感器和激光甲烷传感器。

红外甲烷传感器具有较好的稳定性，适合连续在线监测；技术成熟，成本比激光甲烷传感器低；但对多种气体可能有交叉敏感性，需要进行针对性的滤波处理以提高选择性。激光甲烷传感器有更高的灵敏度和更宽的动态范围，尤其适用于低浓度到高浓度的宽幅监测；具有极高的选择性和准确性，能够减少误报或漏报现象；但是技术复杂，成本相对较高，不过长期维护成本较低。

5）管道压力传感器

管道压力传感器可以监测瓦斯抽采系统的气体压力，如瓦斯抽采管道、瓦斯抽采设备等，通过监测压力变化，可实时了解瓦斯抽采系统的工作状态，确保瓦斯抽采安全、高效进行。

6）管道一氧化碳传感器

管道一氧化碳传感器用于监测煤矿井下抽采管道中的一氧化碳气体浓度。传感器应能克服管道内各种参数变化带来的影响，实现抽采管道一氧化碳浓度的实时测量、显示，并具有

超限声光报警功能，同时能够将一氧化碳浓度转换成电信号输送给分站。

7）瓦斯抽采参数测定仪

市面上的瓦斯抽采参数测定仪种类繁多，下面以 ZKC6（A）型瓦斯抽放参数测定仪和 YZC5（A）型便携式瓦斯抽采管道综合参数测定仪为例进行介绍。

① ZKC6（A）型瓦斯抽放参数测定仪是用于测量管道气体流量、甲烷浓度、一氧化碳浓度、管道压力、管道温度、环境大气压等参数的便携式综合测量工具。仪器能够实时测量、显示、存储及查询管道气体流量、流速、气体浓度、介质压力、介质温度、环境大气压等参数，支持数据导入与导出，使用方便，是煤矿现场管道参数测量、验证、校准的有效工具。

② YZC5（A）型便携式瓦斯抽采管道综合参数测定仪是一款便携式瓦斯抽采管道综合参数测定仪器，主要用于煤矿井下钻孔（管道）抽采参数的测量，测量参数包括：抽采负压、压差、流量、甲烷浓度、一氧化碳浓度、温度等。仪器采用点阵式液晶屏、大字体结果显示，可实时观察测量数据，并通过内置蓝牙模块将数据上传至防爆手机、电脑等终端，实现瓦斯抽采数据的信息化、规范化管理。

（7）瓦斯抽采安全保护装置

1）排渣器

瓦斯抽采过程中，由于瓦斯钻孔中会产生大量的煤渣、石块及其他杂物，这些杂物如不及时从管路中清除出去，会影响瓦斯抽采系统的抽采效率和抽采设备安全。因此，在抽采管路中需要设置排渣器排除杂物。排渣器一般安设在防回火装置和防爆器之前，通过分级式筛网挡板阻拦和沉淀管路内的煤渣、石块及其他大的杂物，净化气流，保护瓦斯抽采设备的安全。排渣器的优点是原理简单、操作简便；缺点是抽采过程中负压较大，筛网挡板只能阻拦和排除较大的煤渣，较小的煤渣和粉尘仍随负压风流留在管路中，排渣不彻底。

2）负压自动放水器

在瓦斯抽采过程中，抽采管路容易产生积水，导致管路阻力增大，造成瓦斯抽采泵运行负荷提高，影响瓦斯抽采效率。为降低阻力，保证抽采安全有效地进行，应及时放出积水。负压自动放水器的工作原理是：放水器的进水管与瓦斯抽采管路连通，负压平衡管和进水阀开启，放水阀在瓦斯抽采管路负压的作用下处于关闭状态。此时瓦斯抽采管路的水可通过进水管流进放水器，浮漂将随着水位上升，到一定高度时，平衡阀打开，放水器与大气相通，进水阀在两端压力差的作用下自动关闭。在积水的静水压力作用下，放水阀被打开，开始放水。随着水的不断流出，浮漂下降到下限位置，放水阀关闭，放水器的进水管重新与瓦斯抽采管路连通，负压平衡管和进水阀开启。如此反复动作，实现自动放水。

3）阻火防爆装置

《煤矿安全规程》规定，干式抽采瓦斯泵吸气侧管路系统中，必须装设有防回火、防回流和防爆炸作用的安全装置，并定期检查。常见的阻火防爆装置有水封阻火泄爆装置和自动喷粉抑爆装置。

①水封式阻火泄爆装置是指采用水封消焰阻火、泄爆部件泄除爆炸压力，将管道内瓦斯爆炸控制在一定范围内的安全保护装置。

以 ZGS500 型水封阻火泄爆装置为例，其工作原理为：在正常抽采情况下，瓦斯气体从进气管通过阻火泄爆装置流向出气管。当出气管管道瓦斯发生爆炸或燃烧时，爆炸产生的冲击波使泄爆片爆破，释放爆炸压力；同时爆炸波和火焰被水封隔绝，水封起到消焰、阻火的作用，阻止瓦斯爆炸或燃烧传到进气端管路，从而避免事故扩大，起到保护泵站的作用。

②自动喷粉抑爆装置是指通过对瓦斯管道燃烧或爆炸信息的探测，自动喷出干粉灭火剂将燃烧或爆炸传播过程中的火焰扑灭，抑制燃烧或爆炸火焰传播的装置。

以 ZYBG 型自动喷粉抑爆装置为例，其工作原理为：将抑爆装置安装于瓦斯输送管道，当出现火源（如摩擦火花、撞击火花、静电火花、电气火花等）或发生爆炸事故时，由紫外火焰传感器及时探测到火源或爆炸火焰信号，通过控制器向抑爆器输出触发电平，迅速喷射出干粉灭火剂，扑灭火源或爆炸火焰，将爆炸抑制在始发阶段或起到阻断爆炸范围进一步扩大的作用。

4）防回火网

防回火网是安装在瓦斯抽采泵附近管道内的一种安全保护装置，内部装有铜丝网。其作用是一旦泵站附近发生瓦斯燃烧或爆炸事故，利用铜丝网的散热作用使火焰在管道中的传播速度减慢，从而隔绝或阻碍火焰的进一步传播。

5）防回流装置

当瓦斯抽采泵停止运转时，管道内的瓦斯气体会回流与空气混合，形成爆炸危险性气体。因此，应在瓦斯管道内装设防回流装置。

以 FFQ 型防回气防回水装置为例，该装置是一种用于煤矿瓦斯管道上的安全保护装置，具有防止管道瓦斯气体、蒸气、积水回流的功能。其工作原理是：在瓦斯输送过程中，装置内的反向密封挡板在气体压力作用下打开，处于正常工作状态；当瓦斯抽采泵停机时，装置内密封挡板在自身重力以及气体反向作用下压紧进气管口，防止瓦斯气体回流；同时，当发生瓦斯爆炸时，装置内的密封挡板在后侧冲击波作用下迅速压紧进气管口，防止火焰蔓延，可以有效保护井上、井下各类设备和抽采泵站及人员的安全。

6）放空管

瓦斯抽采泵进、出口侧应设置放空管，当瓦斯抽采泵因故停抽或瓦斯浓度低于规定时，抽采管路中的瓦斯可经放空管排到大气中去。放空管出口至少高出地面 10 m，且应高出 20 m 范围内建筑物 3 m 以上；放空管必须接地；放空管周围有高压线或其他易点燃瓦斯的物体时，应制定专门的安全措施。

三、矿井瓦斯抽采管理

1. 抽采系统维护管理

（1）地面抽采管路、井下抽采主管路检查清理周期不应超过 1 年，钻场汇流管及抽采支管等处检查清理周期不应超过 3 个月，孔板检查清理周期不应超过 2 个月，主管和支管的排渣器检查清理周期不应超过 1 个月。

（2）使用防喷装置的抽采管路排渣器检查清理周期不应超过 2 天，防喷装置及连接软管

应每班检查清理 1 次。

（3）自动放水器应每周开盖清理维护 1 次，每班检查 1 次，大巷主系统的自动放水器应每 3 天检查 1 次，并设置自动放水器维护牌板。

（4）所有检查清理必须有记录备查并在现场悬挂牌板。

（5）含水的顺层钻孔及下向穿层钻孔应按规定定期进行吹水作业，疏通钻孔；顺层钻孔利用压风疏通的，疏通周期不应超过 7 天，下向穿层钻孔利用压风吹水的，吹水周期不应超过 1 个小班；钻孔吹水后必须对抽采连接点重新排查。

（6）管路不得有跑气、漏气和积水情况，预抽钻孔孔口负压不得低于 13 kPa，卸压抽采钻孔孔口负压不得低于 5 kPa。

2. 抽采参数测定管理

（1）孔板计量地点应每班测定抽采参数（瓦斯浓度、温度、负压及孔板两端压差）。

（2）钻场总管测试地点应每班测定抽采参数（瓦斯浓度、负压）。

（3）抽采泵站司机应每 1 h 记录 1 次抽采自动计量参数（瓦斯浓度、流量、温度、负压等），每 1 h 检测 1 次孔板流量计参数（瓦斯浓度、温度、负压及孔板两端压差）。

（4）预抽钻孔合茬抽采 48 h 内应每小班测试 1 次瓦斯浓度、负压，一周内应每天测试 1 次瓦斯浓度、负压，以后每 20 天测试 1 次瓦斯浓度、负压。

（5）采煤工作面顶板走向抽采钻孔应每小班测试 1 次瓦斯浓度。

（6）被保护层穿层卸压抽采钻孔，钻孔见煤段超前保护层工作面大于 20 m 的应每 20 天测试 1 次瓦斯浓度，钻孔见煤段距离保护层工作面 20 m 开始应每天测试 1 次瓦斯浓度，卸压抽采效果下降后应每 20 天测试 1 次瓦斯浓度。

（7）卸压抽采时，同类型钻场应选择有代表性的钻孔测定单孔流量。

（8）地面钻井抽采卸压瓦斯时，每天应测试 1 次井口瓦斯浓度及负压，预抽煤层瓦斯的地面钻井应做到每口井单独计量。

（9）预抽时，每条抽采巷道中，选择有代表性的钻场测定抽采浓度、抽采流量和负压，并选择有代表性的钻孔测定单孔流量。

3. 计量装置管理

（1）建立抽采计量装置日巡检制度

①每圆班必须安排专人对井下抽采自动计量装置巡检维护不少于 1 次并建立巡检维护台账，煤层预抽及被保护层卸压瓦斯抽采地点每天巡查时必须进行流量、浓度回零。

②抽采泵站、高抽巷、高位钻场等卸压抽采地点每天可不进行流量回零，但必须进行浓度回零。

③实行抽采自动计量装置挂牌管理制度，牌板上应填写设备规格、流量参数、流量计所在位置大气压、维护单位、维护人和巡检时间等，巡查时间明确到班次。

④自动计量装置一经定点，不得随意改变测点号。

⑤抽采自动计量装置的信号应全部接入安全监控系统。

（2）建立自动计量和人工检测对照制度

①人工检测和抽采自动计量参数应同时记入台账并在现场悬挂记录牌。

②抽采队应建立专门的抽采参数汇报台账，巡查时必须同时核对自动计量的准确性，发现误差大于 5% 的必须在 2 h 内联系监控中心，监控中心接到通知后 8 h 内必须整改。

（3）建立抽采计量装置调校（比对）制度

①抽采队和监控中心应每 7 天至少对计量装置联合巡查 1 次，进行维护（含自动计量装置积存污物的拆卸清洗）、调校（比对）和流量、浓度回零测试，填写现场管理牌板及调校（比对）台账，调校（比对）后双方在调校（比对）台账上签字，确保相对误差不超过 5%。

②监控中心建立专门的抽采计量装置调校（比对）台账。

③将管道流量计与孔板流量计进行比对，抽采队读取孔板前后端压差及其他参数，监控中心根据抽采队提供的数据计算混合流量并对管道流量计进行调校，相对误差超过 10% 的，应查明原因，及时处理，比对时必须进行自动计量装置回零测试。

④管道甲烷传感器应采用相应量程的光学甲烷检测仪进行调校，调校时必须校正零点与精度。

⑤管道压力传感器采用相应量程的机械负压表进行比对，相对误差超过 5% 的必须及时处理。

⑥抽采队负责控制闸阀、自动放水、排渣器及孔板流量计的管理维护，监控中心负责自动计量装置的管理维护。

（4）建立抽采自动计量装置监控制度

①抽采自动计量装置不得随意中断，特殊情况下确需中断的，施工单位必须提前提出中断申请，中断期间，按孔板流量计数据进行管理。

②监控终端中必须设有抽采自动计量动态图表，根据现场情况及时更新，24 h 实时显示；抽采队值班室、地面抽采泵站必须随时关注抽采自动计量数据变化。

4. 建立抽采、监控日分析制度

建立抽采、监控日分析制度，每日对抽采变化趋势和计量误差等抽采情况进行分析，发现问题及时处理。

（1）抽采队应建立单孔和总管测试记录台账并进行日分析。抽采队队、班两级值班人员每天对钻孔、钻场及孔板处测量数据的变化进行分析，发现抽采浓度、抽采流量、抽采负压等异常变化要立即安排人员排查原因并进行处理。

（2）抽采队、监控中心应每天对预抽评价单元的抽采计量日报表中抽采浓度、抽采纯量变化进行分析，抽采浓度、日抽采累计纯量相对变化大于 20% 时，及时查明原因，并在抽采日报中注明。因自动计量装置故障造成抽采量异常增大的，及时处理并建立专门记录台账，在预抽台账中扣除当天异常增大的抽采量。

（3）监控终端发出报警后，抽采队值班室必须立即安排人员查明原因并进行处理，并建立专门记录台账存档。

技能实训十　矿井瓦斯抽采钻孔的施工

一、实训目标

学会钻孔施工的操作步骤及安全注意事项，钻孔施工常见的事故及防治措施，各种仪器设备的使用方法、操作步骤等，培养动手操作能力和团队协作能力。

二、任务描述

瓦斯抽采工作直接关系煤矿的安全生产，相关工作人员应牢固树立“没有卸不了压的瓦斯，只有打不到位的钻孔”的瓦斯治理理念，严格按设计方位、倾角、孔深等参数标准施工，确保钻孔的准确性和有效性。现场施工中，必须根据钻场附近的煤（岩）性质进行调压施工，严禁因操作不当发生卡、埋、压钻杆等现象。精准到位的抽采钻孔是实现瓦斯高效抽采的前提。

三、任务准备

（1）准备实训场所，备齐实训所需的钻机、姿态仪、测斜仪、封孔装置等仪器设备及配套装置或钻孔施工实训模型。

（2）学习钻孔施工的操作步骤及安全注意事项，问题钻孔处置方法，各种仪器设备的使用方法、操作步骤等。

（3）学习钻孔施工过程中喷孔、瓦斯超限等问题的防控措施及处置方法。

四、知识要点

1. 瓦斯抽采钻孔施工安全操作

（1）安全检查

1）检查作业环境

人员避灾撤离通道畅通，防护设备齐全、可靠；钻场及附近巷道支护完好、可靠；局部通风机工作正常，风筒完好，吊挂平直；钻孔施工地点（或全风压通风巷道内）风量充足；便携式甲烷检测报警仪、甲烷传感器配备到位，工作环境中的甲烷浓度不超过 1%；通信联络畅通。

2）检查设备、仪表和工具

电气设备无失爆现象，供电正常；水泵完好，供水正常；钻机机具配合良好，钻头、钻杆、油管等完好，各部件连接正确，油箱内油量充足；钻机压柱、戗柱齐全，安装牢靠，综合保护装置完好、可靠；仪表、工具齐全完好。

（2）钻孔施工安全操作

1）钻机试运转

打开电源开关，启动钻机空载运转 3～5 min；确认钻机主轴、电机、变速箱等运转正常；

确认钻机机体无松动，油路、水路无泄漏；确认试运转正常，关闭电源开关。

2）标孔

根据抽采施工设计确定开孔位置；用地质罗盘标定钻孔方位角和倾角。

3）钻进

打开钻机电源开关，启动钻机；打开水泵电源开关，启动水泵；操作旋转手柄控制钻杆旋转方向；操作给进手柄，控制钻头钻进、后退；操作节流阀手柄或调节手轮，增、减钻机给进压力，升、降钻杆旋转速度。

（3）加、卸钻杆安全操作

1）加钻杆

冲洗钻孔；停止推进、旋转；打开夹持器定位销（或卡紧卡盘）；将卡爪插入方口；操作钻机反转慢退，加入钻杆。

2）卸钻杆

操作钻机正转；将“动力头”后退；把钻杆方口对准卡板后停钻；用卡板卡住钻杆（卡紧卡盘）；操作“动力头”反转，拆卸钻杆。

（4）停钻安全操作

1）正常停钻

停止钻进，提离钻具距孔底一定距离；关闭钻机电源开关及水泵开关。

2）紧急停钻

发现突水、透水（或瓦斯和其他有毒有害气体异常喷出）征兆时，立即停止钻进，但不得拔出钻杆；立即将附近人员撤离至安全地点并向调度室汇报，根据调度室指令进行下一步行动。

（5）封孔安全操作

1）砂浆封孔

扩孔；下套管；固定套管；封孔捣实。

2）封孔器封孔

确认封孔器完好；安装和固定封孔器（两人配合）；加压封孔器；操作封孔器封孔。

（6）收工安全操作

①收回液压油缸活塞杆。

②盘扎不需要拆下的油管，堵住油管接口。

③排出冷却器中的全部冷却水。

④清理工作现场，填写现场作业记录，进行现场交接班。

（7）注意事项

①孔口应悬挂钻孔施工管理牌板，钻机附近或钻场内悬挂标明了钻孔设计参数、避灾路线等内容的牌板。

②开孔时钻孔倾角测量以钻机跑道为准，钻孔方位角测量以巷道中线为起点。建议使用姿态仪代替人工放线，并规范使用姿态仪，钻孔方位及倾角允许误差为 ±1°，孔位允许误差

为 ±100 mm；安装防喷装置后和下钻前，必须再次使用姿态仪进行校核。

③穿层钻孔施工过程中出现见（止）煤深度与设计相差 5 m 及以上，实际见（止）煤与设计见（止）煤长度误差超过三分之一的钻孔应当进行测斜分析，不合格的及时补孔。

④抽采钻孔施工过程中，如果出现异常情况无法继续钻进，或者经分析出现超误差失效钻孔时，应当重新就近补打抽采钻孔，补打钻孔统一调整到一侧。

2. 钻孔喷孔的防控措施

瓦斯抽采钻孔喷孔是指钻孔施工过程中，在瓦斯压力的作用下，从钻孔内短时间、间断或连续喷出瓦斯和煤粉，且喷出距离大于 0.5 m 的异常动力现象。瓦斯抽采钻孔喷孔的防控措施如下。

（1）选取合适直径的钻杆

钻杆直径越大，造成的应力集中区与钻孔中心之间的距离越远，卸压范围越大，从而产生的裂隙越多，瓦斯抽采的效果越好。但过大的钻杆直径，对周围煤（岩）体的扰动以及产生的游离瓦斯含量、压力变大，极易产生瓦斯抽采钻孔喷孔的情况。过小的直径虽然能降低喷孔的概率，但抽采效果不佳，往往达不到抽采的要求。为了保证生产的安全，应根据现场的实际情况选取直径合适的钻杆进行钻孔，实际生产中一般选取 80～100 mm 的钻杆。

（2）控制钻杆转速

钻杆钻进过程中，应保持较低的转速均匀钻进，如遇到卡转、顶钻等情况，应立即停钻，不得转动、拔出钻杆。

钻杆的转动会产生大量的动能，使原本处于平衡状态下的煤体失去平衡，煤体发生破坏，大量吸附状态下的瓦斯解吸成游离状态，增大了游离瓦斯的压力及含量，进而增加了钻孔喷孔的可能性。尤其在喷孔严重的区域进行钻孔施工时，更应尽可能地降低钻杆的转速，以降低喷孔的概率，并使用防喷装置。

（3）选取煤层透气性较高的区域实施钻孔

煤层透气性决定了煤层中瓦斯流动的难易。透气性高的煤层，瓦斯流动较容易，使得煤层中瓦斯含量及压力降低，从而降低钻孔喷孔的概率。因此在瓦斯抽采钻孔施工前，应对煤层透气性进行测定，选取透气性高的区域实施钻孔，可有效防止钻孔喷孔。

（4）提高钻孔施工人员专业素养

加强对钻孔施工人员的培训，培训结束后对其进行严格考核，考核合格后方可从事钻孔施工作业；规范钻孔施工人员的操作，加强钻孔施工过程中的监督；加强钻孔施工人员在钻孔过程中处理突发情况的能力，确保处理措施正确合理。

3. 钻孔施工常见的事故及安全措施

（1）钻孔施工中常见的事故

钻孔施工过程中常见的事故有：瓦斯燃烧、爆炸和中毒事故；煤与瓦斯突出事故；电气设备失爆或电气伤人事故；钻孔施工作业场所由于片帮冒顶而造成伤人事故；钻孔施工作业人员错误操作钻机造成的钻杆搅人及牙钳伤人等机械事故；煤尘积聚造成的煤尘燃烧、爆炸事故；巷道坍塌、顶板冒落、喷孔事故及瓦斯超限等。

（2）钻孔施工安全措施

①为了防止在钻孔施工过程中发生瓦斯超限事故，钻孔施工作业场所必须有良好的通风，并安设瓦斯自动报警断电仪。

②对于瓦斯涌出量大的作业场所，钻孔必须装有防止瓦斯大量泄出的防喷装置，实行“边钻边抽”。

③在钻孔施工过程中，必须安排专职瓦斯检查员加强对钻孔施工处的瓦斯等气体的检查。

④施工人员在钻孔施工过程中必须携带便携式瓦斯自动报警仪。

⑤为了防止在钻孔内发生瓦斯燃烧、爆炸和中毒事故，采用风力排渣时，必须保证钻孔排渣畅通，且施工地点必须配备足够的灭火器材。

⑥在钻孔施工过程中，严禁用铁器敲砸钻具。

⑦为了防止在钻孔施工过程中发生煤与瓦斯突出事故，在突出煤层中打钻时，钻孔施工处必须用厚度不小于50 mm的木板一次性背严背实，并在背板外侧用直径不小于180 mm的圆木（不少于2根）紧贴背板打牢。

⑧在钻孔施工过程中，若发现有突出预兆及异常现象时，瓦斯检查员和施工负责人要迅速将所有人员撤至安全地带，同时切断该巷道内所有电气设备的电源，并及时向矿总工程师、矿调度所及有关单位汇报，待经过处理且瓦斯等有害气体的浓度恢复正常后，方可继续施工。

⑨为了防止钻孔施工作业场所发生片帮冒顶事故，必须加强钻孔施工作业场所及周围巷道的支护，严防空帮空顶。

⑩为了防止在钻孔施工过程中发生电气伤人事故，作业现场的所有电气设备的防爆质量必须符合《煤矿安全规程》的有关规定，加强电气设备的检查与维护，严防电气设备失爆，确保设备完好。施工钻孔的电气设备的电源必须和作业场所的局部通风机及甲烷传感器实行风电闭锁和甲烷电闭锁。

⑪为了防止在钻孔施工过程中发生机械伤害事故，施工钻孔前，必须将钻机摆放平稳，打牢压车柱，吊挂好风水管路及电缆。

⑫钻孔施工过程中，钻杆前后不准站人，不准用手托扶钻杆，所有施工人员要将工作服穿戴整齐，佩戴好护袖或将袖口扎牢。

⑬钻孔施工过程中，施工人员要按照钻机操作规程和钻孔施工参数要求施工，严格控制钻进速度，钻机不得在无人看管的情况下运转。

⑭人工取下钻杆及加钻杆过程中，钻机的控制开关必须处在停止位置，严禁违章作业。

⑮为了防止在钻孔施工过程中发生煤尘事故，在钻孔施工过程中，采用风力排渣时，必须采取内喷雾或外喷雾等有效的灭尘措施。

⑯所有钻孔施工人员必须佩戴隔离式自救器并能熟练使用。

五、实训过程

（1）实训前，由指导教师讲解钻孔施工的操作步骤、安全注意事项及钻机、姿态仪、测斜仪、封孔器等设备的使用方法、操作步骤，并进行操作演示。

（2）对学生分组并进行任务分工。

（3）备齐并调试好实训所需的钻机、姿态仪、测斜仪等设备。

（4）按照钻孔施工的安全操作步骤进行钻孔施工操作实训。

（5）由指导教师点评各组实训过程及安全注意事项。

六、注意事项

（1）实训过程中，学生必须遵守操作规程，按照规定顺序进行操作。

（2）不得野蛮操作，不得损坏仪器设备。

（3）做好安全防护，实训过程中，谨防自身伤害及相互伤害事故。

（4）实训完成后，对所有仪器设备进行清洁，并按要求存放。

七、总结与思考

瓦斯抽采钻孔是建设在煤层瓦斯和抽采管路系统之间的通道，钻孔质量决定了瓦斯抽采的效率和瓦斯治理的成效。因此，在瓦斯抽采钻孔施工过程中应做好钻孔设计、钻进、下筛管和封孔等关键环节的管控，确保钻孔施工到位，从而实现瓦斯安全高效抽采的目标。

技能实训十一　矿井瓦斯抽采泵的操作

一、实训目标

掌握瓦斯抽采泵开停机安全操作步骤和注意事项及瓦斯抽采泵的日常检修和维护，培养动手操作能力和团队协作能力。

二、任务描述

煤矿井下瓦斯事故常有发生，为了尽可能地降低煤矿井下的瓦斯含量和瓦斯涌出量，实现安全高效抽采瓦斯的目的，应严格按照正确的操作流程操作瓦斯抽采泵，并做好瓦斯抽采泵的日常检修和维护工作。

三、任务准备

（1）准备实训场所，备齐实训所需的仪器设备及工具、材料。

（2）学习瓦斯抽采泵开停机安全操作步骤和注意事项及瓦斯抽采泵的日常检修和维护等。

四、知识要点

1. 瓦斯抽采泵运行操作

（1）安全检查

1）检查瓦斯泵站

①检查电气设备、安全监控装置、进出气侧的安全装置等完好、可靠。

②检查并确认甲烷浓度小于 0.5%。

③检查并保持通信联络畅通。

2）检查泵体

①检查瓦斯抽采泵标识齐全、有效。

②检查瓦斯抽采泵各部件连接螺栓、防护罩齐全、不松动。

③将泵轮转动 1～2 圈，确认泵内无障碍物。

④确认泵体与电机连接可靠，旋转灵活，功能完好。

3）检查管路

①检查并保持油路、水路状态良好。

②检查管路阀门、观测仪表等齐全、完好。

③检查并保持电路保护装置齐全、可靠。

（2）瓦斯抽采泵的启动操作

①接到启动命令后，抽采瓦斯泵工应一人监护，一人准备操作。

②启动带有润滑系统和冷却系统的抽采泵时，应首先启动润滑系统和冷却系统，并适当调整流量。

③启动带有供水系统的抽采泵时，应先启动供水系统，并开、关有关阀门。

④真空泵的启动顺序：关闭进气阀门，按顺序打开出气阀门、放空阀门、循环阀门、供水阀门；打开电源开关，启动抽采泵，空载运转 5～15 min，确认抽采泵空载试运转正常；缓慢开启进气阀门，调节抽采泵正、负端压力；向泵体和气水分离器适量供水，抽采泵抽取瓦斯，负载运转。

⑤回转泵的启动顺序：按顺序打开进气阀门、出气阀门、循环阀门、配风阀门、放空阀门；打开电源开关，启动抽采泵空载运转 5～15 min，确认抽采泵空载试运转正常；打开总进气阀门并关闭配风阀门和循环阀门，抽采泵抽取瓦斯，负载运转。

⑥抽采泵启动后，应及时观测抽采正负压、流量、瓦斯浓度、轴承温度和电气参数等，并监听抽采泵的运转声。

⑦当抽采泵抽采的瓦斯浓度达到 30% 时，向调度室汇报，并准备向用户输送瓦斯；接到输送瓦斯命令后，开启总供气阀门，同时关闭放空阀门。

⑧若泵站内设有加压泵，在接到向用户输送瓦斯的命令后，应按启动顺序启动加压泵，并开、关有关阀门，向用户送气。

⑨采用干式抽采泵的，当抽采瓦斯浓度低于 25% 时，应及时向调度室汇报。

（3）瓦斯抽采泵的停机操作

①抽采泵停机前，必须首先关停加压泵及其附属系统。利用加压泵排除民用管道内的瓦斯时，必须先将抽采泵泵体及井下总气门间管路内的瓦斯排除干净。

②接到停止抽采泵运行命令后，应由一人监护，一人准备进行停机操作。

③真空泵停机操作顺序：关闭进气阀门；保持抽采泵空转 3～5 min，排除泵体和管路内

瓦斯；关闭抽采泵电源开关；关闭供水阀门；放水；将其他阀门复位。

④回转泵停机操作顺序：关闭进气阀门；保持抽采泵空转3～5 min，排除泵体和管路内瓦斯；关闭出气阀门；关闭抽采泵电源开关。

⑤抽采瓦斯的矿井，在抽采未准备好前，不得将井下总气门打开，以免管路内的瓦斯出现倒流。

⑥遇停电或其他紧急情况下需要停机时，必须迅速将总供气阀门关闭，然后将所有的放空门和配风门打开，并关闭井下总气门。

⑦抽采泵每次有计划停机，必须提前通知用户或主管单位；紧急情况下，停机后应及时通知用户或主管部门。

（4）抽采泵互换运行的操作

1）抽采泵每次互换运行时，必须经调度同意后方可进行。

2）互换抽采泵操作顺序：

①备用泵空载运转正常后，调小运转泵的流量，并相应调整用户使用量。

②开启备用泵和运转泵系统间的联络门，并关闭备用泵的配风门，使备用泵低负荷与运转泵并联运行。

③当备用泵带负荷运转正常后，关闭其放空门。

④停止原抽采泵运转，并开、关有关阀门，调整备用泵的流量。

3）无论是抽采泵还是加压泵的互换运行，均不允许间断瓦斯的利用，否则必须提前通知用户或主管单位。

4）抽采泵的互换运行应避开用气高峰时间。

5）2台并联运行的抽采泵需要与另外2台抽采泵互换运行时，必须停泵后进行。

（5）抽采泵并联运行操作

1）抽采泵并联运行时，其启动和停机必须遵守抽采泵启动和停机的有关规定。

2）抽采泵并联运行操作顺序：

①先启动1台抽采泵，待运转正常后，再启动另1台抽采泵。

②抽采泵运转正常后，再带负荷进行操作。

（6）操作注意事项

①操作电气设备时，必须穿戴绝缘鞋和绝缘手套。

②对于反映抽采泵运行状态的各种参数（瓦斯浓度、设备温度、压力、孔板流量计静压差、流量等）及附属设备的运行状态、机房内的瓦斯浓度等，在正常情况下应按规定时间进行观测、记录和汇报，特殊情况下必须随时观测、记录和汇报。

③要经常检查维护抽采系统各种计量装置、阀门和安全装置等，保证其灵活、可靠；每天要对全部设备的外表进行擦洗。

2. 瓦斯抽采泵的日常检修和维护要求

（1）准备工作

①将施工现场周围5 m范围内的易燃物品清理干净，并对现场可能威胁人员作业安全的

杂物进行清理，留够施工作业空间。

②使用便携式瓦斯检测仪或光学瓦斯检测仪检测施工现场周围10 m范围内甲烷浓度，甲烷浓度符合规定方可施工。

③待检修泵体应提前停泵，并在抽采系统切换至备用泵，待泵体内瓦斯置换完全、温度降低至室温后方可进行检修。

④抽采泵检修前，应对抽采泵进行停电操作，并悬挂“有人作业，禁止送电”的警示牌。

⑤对需要使用的工器具、行车等进行检查，确保其安全可靠。

⑥施工前必须确定施工负责人，各项工作开展由施工负责人统一安排。

（2）安全措施

①设置警戒线或醒目的线缆划定施工区域，施工区域与正在运行的设备间的距离应不小于0.6 m。作业时除了施工人员，其他人员不得进入施工区域。现场施工负责人要对全体参与施工的人员讲清施工的注意事项，要求施工人员了解具体施工程序，明确分工。检查现场的安全环境，确认无安全隐患后方可进行施工。

②电气设备检修前必须按要求停电、验电、放电、挂接地线。

③必须佩戴安全帽等可靠的劳动防护用品。

④各种操作不得伤及电缆；必要时对电缆进行可靠保护。

⑤施工人员应在安全可靠的地点进行作业，并确保退路畅通。所有施工工器具要手传手递，严禁空中抛接。使用扶梯时必须将扶梯置放牢固，且设专人扶梯。使用作业平台时，要确保平台牢固平稳。

⑥登高作业时，必须佩戴安全带。登高人员必须检查随身携带的工器具，并设置失手绳，防止掉落伤人。

五、实训过程

（1）实训前，由指导教师进行瓦斯抽采泵开停机的操作步骤与安全注意事项的讲解与操作演示。

（2）对学生分组并进行任务分工。

（3）备齐并调试好实训所需的瓦斯抽采泵及配套工具等。

（4）按照瓦斯抽采泵的操作步骤进行瓦斯抽采泵操作实训。

（5）由指导教师点评各组实训过程及安全注意事项。

六、注意事项

（1）实训过程中，学生必须遵守操作规程，按照规定顺序进行操作。

（2）不得野蛮操作，不得损坏仪器设备。

（3）做好安全防护，实训过程中，谨防自身伤害及相互伤害事故。

（4）实训完成后，对所有仪器设备进行清洁，并按要求存放。

七、总结与思考

操作前首先观察周围支护及顶板的状况，发现不安全状况或异常时及时处理；检查泵体各部分紧固件是否牢固、泵体是否稳固；检查泵站各种气门，确保处于正常状态；检查并保持油路、水路处于良好工作状态；各部位温度计应齐全。操作时应按照瓦斯抽采泵安全操作规程进行操作。

思考练习题

1. 瓦斯抽采有什么意义？
2. 按抽采工艺不同，瓦斯抽采方法分为哪几类？
3. 穿层钻孔抽采本煤层未卸压瓦斯有何特点？适用条件是什么？
4. 提高开采层瓦斯抽采效果的措施有哪些？
5. 简述深孔控制预裂爆破措施提高瓦斯抽采效果的原理。
6. 邻近层瓦斯抽采是如何分类的？
7. 采空区瓦斯抽采方法有哪些？
8. 简述瓦斯抽采设计的原则。
9. 测斜仪在钻孔施工中具有什么作用？
10. 简述水环式真空泵的优缺点及适用条件。

附　录

附录一　矿井瓦斯地质图图例

附表 1－1 给出了用于 1∶2 000、1∶5 000、1∶10 000 的矿井瓦斯地质图图例。

附表 1－1　　矿井瓦斯地质图图例

名称	标记	说明	字体、颜色、线型等
小型突出点	(突) $\frac{56.6\text{t} \mid 0.86\text{万m}^3}{-254 \mid 1982.02.03}$	煤与瓦斯突出强度<100 t（单次）；分子左侧为突出煤量（t），右侧为涌出瓦斯总量（万 m^3）；分母左侧为标高（m），右侧为突出年月日	左侧“突”字为宋体，字高 2；右侧字体为新罗马字体，字高 1.5；圆直径 4 mm，线宽 0.1 mm，颜色值为 RGB（204,0,153）
中型突出点	(突) $\frac{456\text{t} \mid 5.34\text{万m}^3}{-300 \mid 1986.04.07}$	煤与瓦斯突出强度 100～499 t（单次）；分子左侧为突出煤量（t），右侧为涌出瓦斯总量（万 m^3）；分母左侧为标高（m），右侧为突出年月日	左侧“突”字为宋体，字高 3；右侧字体为新罗马字体，字高 1.5；圆直径 6 mm，线宽 0.1 mm，颜色值为 RGB（204,0,153）
大型突出点	(突) $\frac{856\text{t} \mid 9.87\text{万m}^3}{-294 \mid 1990.05.03}$	煤与瓦斯突出强度 500～999 t（单次）；分子左侧为突出煤量（t），右侧为涌出瓦斯总量（万 m^3）；分母左侧为标高（m），右侧为突出年月日	左侧“突”字为宋体，字高 4；右侧字体为新罗马字体，字高 1.5；圆直径 8 mm，线宽 0.1 mm，颜色值为 RGB（204,0,153）
特大型突出点	(突) $\frac{1566\text{ t} \mid 18.3\text{万m}^3}{-276 \mid 1996.05.08}$	煤与瓦斯突出强度≥1 000 t（单次）；分子左侧为突出煤量（t），右侧为涌出瓦斯总量（万 m^3）；分母左侧为标高（m），右侧为突出年月日	左侧“突”字为宋体，字高 5；右侧字体为新罗马字体，字高 1.5；圆直径 10 mm，线宽 0.1 mm，颜色值为 RGB（204,0,153）
瓦斯含量点	(W) $\frac{12.30\text{ m}^3/\text{t}}{-610.24 \mid 713.85}$	分子为瓦斯含量值（m^3/t）；分母左侧为测点标高（m），右侧为埋深（m）	左侧“W”字为宋体，字高 2；右侧字体为新罗马字体，字高 1.5；圆直径 4 mm，线宽 0.1 mm，颜色值 RGB（204,0,153）

续表

名称	标记	说明	字体、颜色、线型等
瓦斯压力点	(P) $\frac{2.3\text{MPa}}{-600 \mid 620}$	分子为瓦斯压力值（MPa）；分母左侧为测点标高（m），右侧为埋深（m）	左侧“P”字为宋体，字高 2；右侧字体为新罗马字体，字高 1.5；圆直径 4 mm，线宽 0.1 mm，颜色值为 RGB（204,0,153）
动力现象点	(动) $\frac{20\text{t} \mid 2000\text{m}^3}{-568 \mid 02.02}$	分子左侧为煤岩量（t），右侧为涌出瓦斯量（m^3）；分母左侧为测点标高（m），右侧为发生年月	左侧“动”字为宋体，字高 2；右侧字体为新罗马字体，字高 1.5；圆直径 4 mm，线宽 0.1 mm，颜色值为 RGB（204,0,153）
煤层区域突出危险性预测指标值	△1 50= $\frac{15}{0.3}$	等号左边为 K 值；右侧分子为 ΔP 值，分母为 f 值	左侧“1”为新罗马字体，字高 2；右侧字体为新罗马字体，字高 1.5；三角形宽、高为 4 mm，线宽 0.1 mm，颜色值为 RGB（255,0,0）
工作面突出危险性预测指标值 I	▽1 $\frac{120}{2.3}$	分子为钻屑解吸指标 Δh_2（Pa），分母为钻孔最大钻屑量 S_{max}（L/m）	左侧“1”为新罗马字体，字高 2；右侧字体为新罗马字体，字高 1.5；三角形宽、高为 4 mm，线宽 0.1 mm，颜色值为 RGB（255,0,0）
工作面突出危险性预测指标值 II	▽2 $\frac{5 \mid 2.3}{0.5}$	分子左侧为钻孔最大瓦斯涌出初速度 q_{max}[L/(m·min)]，分子右侧为钻孔最大钻屑量 S_{max}（L/m）；分母为 R 值指标	左侧“2”为新罗马字体，字高 2；右侧字体为新罗马字体，字高 1.5；三角形宽、高为 4 mm，线宽 0.1 mm，颜色值为 RGB（255,0,0）
回采工作面瓦斯涌出量点	$\frac{8.4 \mid 3.06}{3956 \mid 03.03}$	分子左侧为绝对瓦斯涌出量（m^3/min），右侧为相对瓦斯涌出量（m^3/t）；分母左侧为工作面日产量（t），右侧为回采年月	字体为新罗马字体，字高 1.5，线宽 0.1 mm，颜色值为 RGB（255,0,0）
掘进工作面绝对瓦斯涌出量点	$\frac{1.8}{03.02}$	分子为掘进工作面绝对瓦斯涌出量（m^3/min），分母为掘进年月	字体为新罗马字体，字高 1.5，线宽 0.1 mm，颜色值为 RGB（255,0,0）
瓦斯资源量	[0.5 | 8.0～12.5/10 ; 5 | B]	左上角为瓦斯资源量（Mm^3），右上角为块段瓦斯含量大小（m^3/t）；左下角为块段编号，右下角为瓦斯储量级别	字体为新罗马字体，右上角字高 1，其余字高 1.5；边框矩形长 16 mm，宽 8 mm，线宽 0.3 mm，其他线宽 0.1 mm，颜色值为 RGB（240,200,240）
瓦斯资源块段划分界线	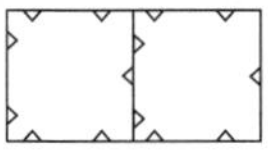	采用四边形划分块段，用三角形指向块段内部；块段划分考虑瓦斯储量级别、构造影响，含量值比较接近等因素	线宽 0.1 mm，颜色值为 RGB（240,200,240）
实测瓦斯含量等值线	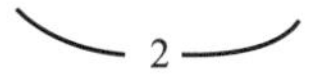 ⌒ 2 ⌒	单位 m^3/t	字体为宋体，字高 2.5，线型为实线，线宽 0.4 mm，颜色值为 RGB（255,144,255）
预测瓦斯含量等值线	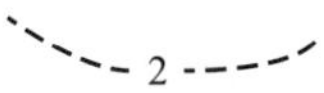 ‐‐‐ 2 ‐‐‐	单位 m^3/t	字体为宋体，字高 2.5，线型为虚线，线宽 0.4 mm，颜色值为 RGB（255,144,255）

续表

名称	标记	说明	字体、颜色、线型等
绝对瓦斯涌出量实测等值线	5	回采工作面绝对瓦斯涌出量实测等值线，单位 m^3/min	字体为宋体，字高 2.5，线型为实线，线宽 0.3 mm，颜色值为 RGB（255,0,0）
绝对瓦斯涌出量预测等值线	15	回采工作面绝对瓦斯涌出量预测等值线，单位 m^3/min	字体为宋体，字高 2.5，线型为虚线，线宽 0.3 mm，颜色值为 RGB（255,0,0）
煤层瓦斯压力实测等值线	1.0	单位 MPa	字体为宋体，字高 2.5，线型为实线，线宽 0.5 mm，颜色值为 RGB（204,0,153）
煤层瓦斯压力预测等值线	1.3	单位 MPa	字体为宋体，字高 2.5，线型为虚线，线宽 0.5 mm，颜色值为 RGB（204,0,153）
瓦斯突出危险区		三角指向煤与瓦斯突出危险区	线宽 1 mm，颜色值为 RGB（153,0,153）
瓦斯涌出量 <5 m^3/min 区域		—	颜色值为 RGB（255,255,235）
瓦斯涌出量 5 m^3/min～10 m^3/min 区域		—	颜色值为 RGB（246,255,219）
瓦斯涌出量 10 m^3/min～15 m^3/min 区域		—	颜色值为 RGB（240,255,235）
瓦斯涌出量 >15 m^3/min 区域		—	颜色值为 RGB（255,240,224）
井筒	$\frac{152.0}{-225.0}$ 主井	符号左侧分子为井口高程（m），分母为井底高程（m）；右侧注明用途，如通风、提升等	内圆直径 2.5 mm，外圆直径 4 mm；标注字体为宋体，井筒名称字高 2，其他字高 1.5，颜色值为 RGB（51,51,51）
见煤钻孔	27_3 $\frac{125.16}{-449.10}$ 1.46	符号上方为孔号；左侧分子为地面标高（m），分母为煤层底板标高（m）；右侧为煤厚（m）	内圆直径 2.5 mm，外圆直径 4 mm；标注字体为宋体，字高 1.5，颜色值为 RGB（51,51,51）
煤层露头及瓦斯风化带	(1) (2)	（1）为煤层露头，（2）为瓦斯风化带	煤层露头及瓦斯风化带线为实线，煤层露头线宽 1 mm，瓦斯风化带线宽 0.1 mm，颜色值为 RGB（128,128,128）

续表

名称	标记	说明	字体、颜色、线型等
井田边界	—+—	—	线宽 1 mm，颜色值为 RGB（173,173,173）
向斜轴		箭头表示岩层倾斜方向；实测褶皱每 100 mm 为一组，组间距 10 mm，推断褶皱每隔 5 节（1 节 20 mm）绘一组，组间距 10 mm	轴线线宽 0.6 mm，箭头线宽 0.1 mm，颜色值为 RGB（0,127,0）
背斜轴	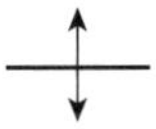	箭头表示岩层倾斜方向；实测褶皱每 100 mm 为一组，组间距 10 mm，推断褶皱每隔 5 节（1 节 20 mm）绘一组，组间距 10 mm	轴线线宽 0.6 mm，箭头线宽 0.1 mm，颜色值为 RGB（0,127,0）
煤层上覆基岩厚度等值线	 260	单位 m	字体为宋体，字高 2，线型为虚线，线宽 0.1 mm，颜色值为 RGB（90,255,200）
顶板泥岩厚度等值线	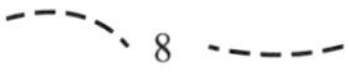 8	单位 m	字体为宋体，字高 2，线型为虚线，线宽 0.1 mm，颜色值为 RGB（236,186,163）
煤层底板等高线	 −750	单位 m	字体为宋体，字高 2，线型为实线，线宽 0.1 mm，颜色值为 RGB（45,45,45）
岩石巷道		—	线型为实线，线宽 0.3 mm，颜色值为 RGB（255,192,128）
煤巷		—	线型为实线，线宽 0.2 mm，颜色值为 RGB（91,91,91）
正断层、逆断层	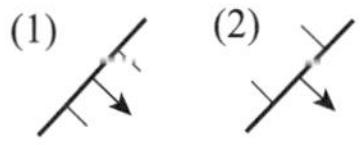 (1)　(2)	（1）为正断层，（2）为逆断层	线宽 0.1 mm，颜色值为 RGB（0,127,0）
断层上、下盘	 a b	a 为上盘，b 为下盘	线宽 0.1 mm，颜色值为 RGB（0,127,0）
实测、推断陷落柱	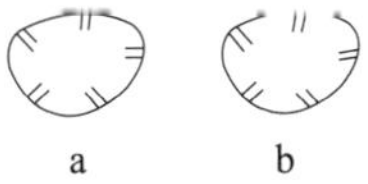 a　b	a 为实测陷落柱，b 为推断陷落柱	线宽 0.1 mm，颜色值为 RGB（0,127,0）
构造煤厚度点	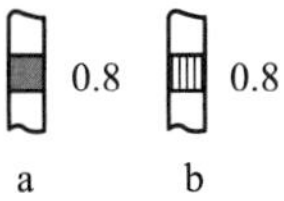 0.8　0.8 a　b	a 为实测构造煤厚度（m），b 为测井曲线解译构造煤厚度（m）	构造煤小柱状图例高 6 mm，宽 2 mm，中间填充区长 2 mm，宽 2 mm；字体为新罗马字体，字高 1.5，线宽 0.1 mm，颜色值为 RGB（51,51,51）

注：表中字高值为 AutoCAD 中取值，新罗马字体指 Times New Roman。

附录二　煤层瓦斯含量测定数据记录表

附表 2-1　　采样记录表

煤样编号：					采样日期：　年　月　日
采样地点：	矿井		采区	工作面	煤层
采样点坐标：X=	Y=		地面标高：Z=		井下标高：Z=
采样管型式：			采样罐号：		
钻孔遇煤深度：	m		采样深度：	m	
工作过程：					
钻孔遇煤时间（石门或岩巷）：	日　时　分　秒				
取芯（屑）开始时间：	日　时　分　秒				进尺：　m
取芯（屑）结束时间：	日　时　分　秒				煤芯长：　m
煤样装罐时间：	日　时　分　秒				
煤样装罐结束时间：	日　时　分　秒				
开始解吸测定时间：	日　时　分　秒				
煤样暴露时间：	min				
试验地点地质概况：					
煤质描述：					

送样时间：　年　月　日　　　　工作人员：

附表 2-2　　**煤样井下自然解吸瓦斯量测定记录表**

煤样编号			采样日期	年　　月　　日
采样地点	矿井　　采区　　工作面　　煤层			
采样罐号		仪器号		煤样暴露时间 $T_0=$　　min

测定结果

测定时间	观测时间 T/min	量管读数 v_t/cm^3	水柱高 h_w/mm	校正体积 V_{t0}/cm^3		瓦斯解吸速度 $q_t/$ $cm^3\cdot min^{-1}$	$\sqrt{t}=\sqrt{T_0+T}$	$t'=\frac{t_i+t_{i-1}}{2}$	备注
				体积	累计				

大气压力 $P=$　　kPa；气温 $t_n=$　　℃；水温 $t_w=$　　℃

审核：　　　　工作人员：

附表 2-3　　煤样脱气记录表

煤样编号：

采样地点：　　矿井　　采区　　工作面　　煤层

采样工具：　　采样深度：　　m

测定结果

脱气阶段	粉碎前		粉碎后	
脱气时间	起	止	起	止
量管读数 /cm³				
累计气体体积 /cm³				
大气压力 /kPa				
气压计温度 /℃				
室温 /℃				
校正后体积 /cm³				

煤样粉碎时间：　　月　　日　　时　　起
计：
止

煤样质量：　　g

煤质分析：M_{ad}=　　%；　　A_{ad}=　　%；　　V_{daf}=　　%

干燥无灰基质量：　　g

备注：

工作人员：　　审核：

提交报告时间：　　年　　月　　日

附表 2-4　　实验室煤样自然解吸测定记录表

煤样编号：

采样地点：　　矿井　　采区　　工作面　　煤层

大气压力 P_1：　　kPa	水温 t_1：　　℃

粉碎前自然解吸瓦斯量测定记录

煤样质量 / g		量管读数 / cm^3	起	止

粉碎后自然解吸瓦斯量测定记录

煤样	第一份煤样		第二份煤样		
粉碎时间 / min	起	止	起	止	测定备注：
量管读数 / cm^3	起	止	起	止	
煤样质量 / g					

常压不可解吸瓦斯量参数记录

a：	b：	A_d：	π：	γ：

常压吸附量：	常压游离瓦斯量：

备注：

测试人员：　　　　审核：

提交报告时间：　　年　　月　　日

附表 2-5　　煤层瓦斯含量测定结果汇总表

试验阶段	井下解吸瓦斯量			损失瓦斯量		粉碎前脱气瓦斯量			粉碎后脱气瓦斯量			总计	
气体体积	$V_1=$　　　cm^3			$V_2=$　　　cm^3		$V_3=$　　　cm^3			$V_4=$　　　cm^3			cm^3	
组分	自然组分	cm^3	cm^3/g	cm^3	cm^3/g	分析组分	cm^3	cm^3/g	分析组分	cm^3	cm^3/g	cm^3	cm^3/g
氧气（O_2）													
氮气（N_2）													
二氧化碳（CO_2）													
甲烷（CH_4）													
合计													

备注：　　　　工作人员：　　　　审核：　　　　报告提出时间：　　　　年　　　　月

附表 2-6　**气体分析试验报告**

试验编号：　　　　　　采样时间：　　年　　月　　日　　时

采样地点：　　矿井　　采区　　工作面　　煤层

采样方法：

分析结果

序号	组分	分析组分含量（体积分数）/%	无空气基组分含量（体积分数）/%	备注
1	氧气（O_2）			
2	氮气（N_2）			
3	二氧化碳（CO_2）			
4	甲烷（CH_4）			

分析日期：　　年　　月　　日　　　　工作人员：　　　　审核：

附表 2－7 **煤层瓦斯含量试验报告**

<table>
<tr><td colspan="8">煤样编号： 原编号： 采样日期： 年 月 日 测定日期： 年 月 日</td></tr>
<tr><td colspan="8">采样地点： 矿井 采区 工作面 煤层 埋深： m</td></tr>
<tr><td colspan="8">测定结果</td></tr>
<tr><td rowspan="2">试验阶段</td><td colspan="4">瓦斯含量
cm^3/g</td><td rowspan="2">残存瓦斯含量测定方法</td><td rowspan="2">备注</td></tr>
<tr><td>甲烷
（CH_4）</td><td>二氧化碳
（CO_2）</td><td>氮气
（N_2）</td><td></td></tr>
<tr><td>井下解吸瓦斯量</td><td></td><td></td><td></td><td></td><td rowspan="6">脱气法（ ）
自然解吸法（ ）</td><td rowspan="6"></td></tr>
<tr><td>损失瓦斯量</td><td></td><td></td><td></td><td></td></tr>
<tr><td>粉碎前脱气
（自然解吸）
瓦斯量</td><td></td><td></td><td></td><td></td></tr>
<tr><td>粉碎后脱气
（自然解吸）
瓦斯量</td><td></td><td></td><td></td><td></td></tr>
<tr><td>常压不可解吸
瓦斯量</td><td></td><td></td><td></td><td></td></tr>
<tr><td>总计
（瓦斯含量）</td><td colspan="4"></td></tr>
<tr><td>自然瓦斯成分
（体积分数）</td><td colspan="6">CH_4 = %； CO_2 = %； N_2 = %</td></tr>
<tr><td>煤质分析</td><td colspan="6">V_{daf} = %； A_{ad} = %； M_{ad} = %</td></tr>
<tr><td>煤样质量</td><td colspan="6">空气干燥基质量： g 干燥无灰基质量： g</td></tr>
</table>

出报告时间： 年 月 日 工作人员： 审核：

附表 2-8 不同温度下饱和水蒸气压

温度 / ℃	饱和水蒸气压 / kPa	温度 / ℃	饱和水蒸气压 / kPa
0	0.610 5	26	3.360 9
1	0.656 7	27	3.564 8
2	0.705 7	28	3.779 5
3	0.757 9	29	4.005 3
4	0.813 4	30	4.242 8
5	0.872 3	31	4.492 2
6	0.935 0	32	4.754 6
7	1.001 6	33	5.030 0
8	1.072 6	34	5.319 2
9	1.147 8	35	5.622 8
10	1.227 7	36	5.941 1
11	1.312 4	37	6.275 0
12	1.402 3	38	6.624 8
13	1.497 3	39	6.991 6
14	1.598 1	40	7.375 8
15	1.704 9	41	7.777 9
16	1.817 7	42	8.199 2
17	1.937 1	43	8.639 1
18	2.063 4	44	9.100 4
19	2.196 7	45	9.583 0
20	2.337 8	46	10.085 7
21	2.468 4	47	10.612 3
22	2.643 3	48	11.160 2
23	2.808 8	49	11.734 8
24	2.983 3	50	12.333 4
25	3.168 3		

附表 2-9　　不同温度下饱和食盐水的饱和蒸气压

温度 / ℃	饱和食盐水的饱和蒸气压 / kPa	温度 / ℃	饱和食盐水的饱和蒸气压 / kPa
5	0.653	20	1.760
6	0.707	21	1.880
7	0.760	22	2.000
8	0.813	23	2.120
9	0.867	24	2.253
10	0.920	25	2.386
11	0.987	26	2.533
12	1.053	27	2.693
13	1.133	28	2.853
14	1.213	29	3.026
15	1.293	30	3.200
16	1.373	31	3.373
17	1.467	32	3.573
18	1.560	33	3.786
19	1.653	34	4.000

附录三　煤层瓦斯压力测定记录表

附表 3-1　　**煤层瓦斯压力测定记录表**

矿井：　煤层名称：　测压地点：　测定地点的大气压力：
煤层厚度：　煤层倾角：　测压气室（揭煤）标高：　测压气室（揭煤）埋深：
开钻时间：　揭煤时间：　钻完时间：　封孔时间：　封孔深度：

孔号	钻孔参数			岩孔长 / m	煤孔长 / m	封孔长 / m	备注
	方位 / (°)	倾角 / (°)	长度 / m				
时间	压力 / MPa			时间	压力 / MPa		

测定人员：　　审核：

附录四　矿井瓦斯等级鉴定基础数据测定和测定结果报告表

附表 4-1　瓦斯和二氧化碳涌出量测定基础数据表

______矿______井　　　　　　______年______月

测点名称	气体名称	旬别	日期	第一班			第二班			第三班			日平均风排量/$m^3 \cdot min^{-1}$	抽采瓦斯量/$m^3 \cdot min^{-1}$	涌出总量/$m^3 \cdot min^{-1}$	月工作天数/d	月产煤量/t	说明
				风量/$m^3 \cdot min^{-1}$	浓度/%	涌出量/$m^3 \cdot min^{-1}$	风量/$m^3 \cdot min^{-1}$	浓度/%	涌出量/$m^3 \cdot min^{-1}$	风量/$m^3 \cdot min^{-1}$	浓度/%	涌出量/$m^3 \cdot min^{-1}$						
	瓦斯（甲烷）	上																
		中																
		下																
	二氧化碳	上																
		中																
		下																
	瓦斯（甲烷）	上																
		中																
		下																
	二氧化碳	上																
		中																
		下																

注 1：月产量指测定区域的煤炭月总产量。

注 2：根据需要可增加续表。

附表 4-2　　煤矿瓦斯等级鉴定和二氧化碳测定结果报告表

＿＿＿＿＿矿＿＿＿＿＿井　　　　＿＿＿＿年＿＿＿＿月

矿井、采（盘）区、工作面名称	气体名称	3 个测定日中最大日平均绝对量 / $m^3 \cdot min^{-1}$			月实际工作天数 / d	月产煤量 / t	月平均日产煤量 / $t \cdot d^{-1}$	相对涌出量 / $m^3 \cdot t^{-1}$	煤矿瓦斯等级	上年度瓦斯等级	上年度矿井瓦斯涌出量		说明
		风排量	抽采量	总量							绝对量 / $m^3 \cdot min^{-1}$	相对量 / $m^3 \cdot t^{-1}$	
	瓦斯												
	二氧化碳												
	瓦斯												
	二氧化碳												

注：可增加续表。